# 图解葡萄酒品鉴配餐选购指南

[韩] 吴恩仙 著　杨雅纯 译

北方文艺出版社

黑版贸审字 08-2019-142号

**图书在版编目（CIP）数据**

　图解葡萄酒品鉴配餐选购指南 / (韩) 吴恩仙著；
杨雅纯译. —哈尔滨：北方文艺出版社, 2021.9
　ISBN 978-7-5317-4772-7

　Ⅰ. ①图… Ⅱ. ①吴… ②杨… Ⅲ. ①葡萄酒－品鉴
Ⅳ. ①TS262.6

　中国版本图书馆CIP数据核字(2020)第008729号


图解葡萄酒品鉴配餐选购指南
TUJIE PUTAOJIU PINJIAN PEICAN XUANGOU ZHINAN

作　者 / [韩] 吴恩仙
译　者 / 杨雅纯

责任编辑 / 李正刚　赵　芳　　　　　封面设计 / 烟　雨

出版发行 / 北方文艺出版社　　　　　邮　编 / 150008
发行电话 / （0451）86825533　　　　经　销 / 新华书店
地　址 / 哈尔滨市南岗区宣庆小区1号楼　网　址 / www.bfwy.com

印　刷 / 和谐彩艺印刷科技（北京）有限公司　开　本 / 880mm×1230mm　1/32
字　数 / 200千　　　　　　　　　　　印　张 / 5.5
版　次 / 2021年9月第1版　　　　　　印　次 / 2021年9月第1次

书　号 / ISBN 978-7-5317-4772-7　　定　价 / 58.00元

# 推荐序

## 葡萄酒管家 Sam 刘善农 推荐

看到这样的书籍问世，由衷地感到开心！尤其是那些亲身体验的故事更能打动人心！

作者掌握了葡萄酒简单入门的方式，这对消费者是一大福音；而书中所提及的葡萄酒都不难搜寻，更是掌握了"简单"的重点。

书里对于葡萄酒和食物的搭配也有明确的描述，非常棒；而读者若能将葡萄酒和料理相结合的话，就更美妙了！

## 爱恋葡萄酒
## Winelover.com.tw编辑群 推荐

曾经我们都是葡萄酒的入门者，带着一知半解与兴奋感跑到超市或专卖店想买一瓶葡萄酒，但却又往往陷入一种无力感，有时是因为买到不好喝的酒款，有时是被葡萄品种或是产区弄得头昏脑涨，不佳的第一次接触往往让入门者对于葡萄酒更望而却步，而市面上的葡萄酒书籍往往介绍过多的知识和规矩，或是仅为商品图鉴的书籍，有时反而更加深了鸿沟，因此一本能够设身处地、循序渐进地将葡萄酒的乐趣介绍给大家的指南才是葡萄酒初学者最需要的书籍。

作者先后经历葡萄酒初学者与葡萄酒达人两种身份，因此能够很清楚地给予读者良好的选酒建议，推荐的入门酒款包括Bordeaux Pey Latour（波尔多贝尔拉图）、Dr. Loosen Riesling（露森雷司令）、Montes Alpha Cabernet Sauvignon（蒙特斯阿尔法赤霞珠）、气泡酒，都是容易购买到的酒款，风味可口美味，而且这些酒款背后都有着悠久的酿酒传统，酒庄酿酒风格严谨，同时能够掌握"品种"与"区产"两项重要的特色。这样不但有助于入门者喜欢上葡萄酒，而且通过这些酒款也能够逐渐建立起正确的葡萄酒观念，配合书中对于各类葡萄酒品种、葡萄酒种类、酒标内容、酒瓶形状、品尝方式、品饮技巧与口感风味的说明，绝对能够让每一位入门者轻松快乐地品尝葡萄酒，并且写下自己的葡萄酒故事。

　　认识葡萄酒、学习葡萄酒、爱上葡萄酒，这是所有葡萄酒爱好者共同的经验，经过一段喝酒、买酒与学酒的历程后，就会形成一套自己的葡萄酒哲学，同时也是一种生活哲学。因此别等待，赶快翻阅这本优质的葡萄酒入门书，打开你第一瓶葡萄酒，展开这个美丽的葡萄酒之旅吧！

# 作者序

## 要是可以让大家觉得"葡萄酒不难嘛！"那就成功了

要从完全的葡萄酒初学者变成葡萄酒达人，最简单的方法是什么呢？

在周末时，我都会去超市逛逛，采买东西，每次在经过陈列满满葡萄酒的区域时，脑中总是会闪过"今天来喝葡萄酒，制造点气氛吧！"的念头，但是，实际要执行起来却是非常困难的事。要选哪一瓶呢？这些葡萄酒会是什么味道呢？这些问题只会困扰着站在陈列柜前的我。

站在那里，我犹豫了许久，远远地就传来促销人员的声音："欢迎光临，欢迎品尝葡萄酒！"并将店内的葡萄酒拿到我面前。但是，喝了这种试喝的葡萄酒，却让我感到后悔。"为什么会有人喜欢喝这种难喝的葡萄酒呢？是故意为了让自己呛到而喝的吗？"但是，我内心深处也同时呐喊着："我也想要喝好喝的葡萄酒，但是我该挑选哪一种呢？"只要是刚开始品尝葡萄酒的初学者，都会有类似这样的经验。当然，我也有这样的经验。

要编写这本葡萄酒导览时，周围的朋友都不断地拜托我一件事："因为初学者的你，曾经亲自体验过葡萄酒入门的困难，所以请写容易理解，并且在喝葡萄酒时，真正有帮助的葡萄酒资讯。""没错，我也曾经看了深奥的葡萄酒书后感到头晕！"仔细想想，对于葡萄酒初学者

而言，比起所知道的葡萄酒知识，最重要的还是从身体内感受葡萄酒的魅力。在喝葡萄酒的那一瞬间，必须深切感受到"啊，感觉真美好！"才能体会到葡萄酒的魅力。

但可惜的是，这不是一件容易入门的事情。因为对初学者而言，

要自己找出符合自己口味的葡萄酒，是相当困难的事。这就是这本书诞生的动机。这本书的终极目的是，希望可以让初学者轻松学会"如何挑选葡萄酒"。同时，书里也不只有记载葡萄酒为什么好喝的理由，我还特地拜访了葡萄酒达人，请葡萄酒达人们推荐葡萄酒，深入了解葡萄酒达人们接触葡萄酒所碰到的小插曲。就如葡萄酒达人经过不断的口味冲突，以及选择错误的经验后，进一步与葡萄酒更加接近一样，阅读这本书的读者，也可以通过这些经验更了解葡萄酒。

　　和葡萄酒达人见面之后，深刻感受到的并不是非要喝很多葡萄酒才行，反而是"在葡萄酒世界中，并没有特定的规则"这样的观念。事实上，许多初学者难以接触葡萄酒最重要的理由，就是在喝葡萄酒的时候，必须遵守很多礼节。但是，如果把顺序颠倒过来，当自己了解葡萄酒之后，再去遵守这些礼节，其实也不晚。若刚开始学习就拘泥在这些礼节之中，不但无法真正感受到葡萄酒的魅力，反而因此感受到疲惫。把葡萄酒当水喝、把葡萄酒当烧酒一样搭配烤肉喝、把葡萄酒当啤酒一样搭配下酒菜喝，不管用什么方式喝葡萄酒，最首要的，还是让自己先感受到葡萄酒的美味。

　　这本书中编写了葡萄酒达人经过各种不同的体验，慢慢地去了解葡萄酒的故事，并用最简单的方式编写葡萄酒最基本最需要的资讯。而且特别撰写的葡萄酒达人小故事，也可以让读者在不同的状况下，选择品尝不同葡萄酒达人所推荐的葡萄酒，一边喝着美味的葡萄酒，一边也可以将葡萄酒的信息深深记忆在脑海中。

　　只要可以打破"葡萄酒很难懂"的观念，能够轻松快乐地品尝葡萄酒的话，我想这本书多少也就帮助到大家了。

# 目 录 CONTENTS

*Part IV*：做出让葡萄酒美味升级的食物

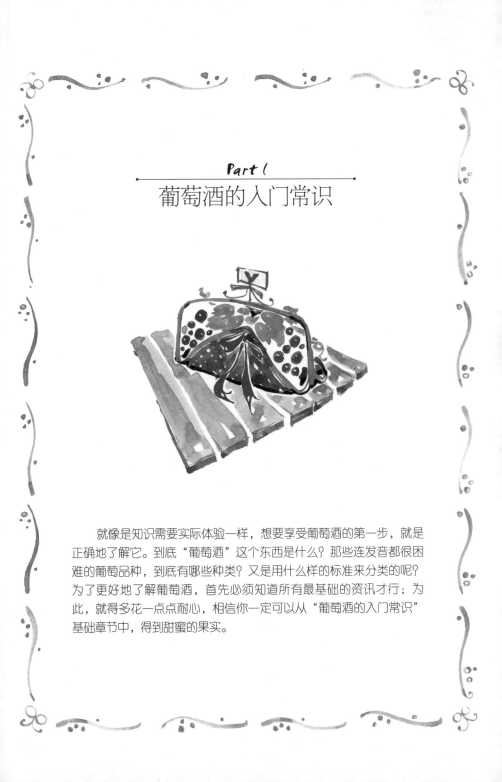

# Part 1
# 葡萄酒的入门常识

就像是知识需要实际体验一样，想要享受葡萄酒的第一步，就是正确地了解它。到底"葡萄酒"这个东西是什么？那些连发音都很困难的葡萄品种，到底有哪些种类？又是用什么样的标准来分类的呢？为了更好地了解葡萄酒，首先必须知道所有最基础的资讯才行；为此，就得多花一点点耐心，相信你一定可以从"葡萄酒的入门常识"基础章节中，得到甜蜜的果实。

# 请告诉我，到底什么是葡萄酒？

不久前，我曾和一位朋友一起用晚餐。那天是他的生日，我们一起到了一家非常有气氛的餐厅用餐。我计划在喝红酒的时候，同时递上让他感动的生日礼物。

预约了一家在网络上发现的高级餐厅，气氛很浪漫。但是，这一切却在我打开菜单的时候，终止了美好的情绪。无法念出名字的酒单排列在我面前，像是外星文一样的文字让我慌张了起来。就在我还无法脱离紧张感之时，他突然开口问我了："我们点什么呢？"

啊，我也得先知道这些酒单是什么，才能回答啊。突然间，脑中闪过常常听到的 "Bordeaux（波尔多）葡萄酒" 这个名字，我只好硬着头皮，有点不肯定地说："Bordeaux……葡萄酒好像不错……对不对？"但是，此时站在旁边点餐的Sommelier（Sommelier是侍酒师的意思，但我当时却认为她只是接受点餐的服务生而已）又问我们："请问要波尔多酒中的哪一种呢？"听到她这么问，我的呼吸瞬间就被夺走了。波尔多酒中，又该选择哪一种呢？当时真是难堪呀。

最后，博学多闻的朋友在波尔多酒中挑选

了最好的一种葡萄酒。在点酒过程中不断地听到
Bourgogne（勃艮第）、Cabernet Sauvignon（卡本
内-苏维翁）、单宁强、甜度、酒体等，各种没听
过的单词一个一个出现，怎么听都像是外星语一
样；这些语言对我而言曾经都是再平凡不过的外文
而已，但现在却让我觉得自己从银河界重重摔落。

经过这一番折腾，感到自尊心重重损伤后，当
时就下定了决心，下次再到那间餐厅时，自己一定
要顺利地说出自己真正想喝的葡萄酒名字！下了这
样的决心后，我便开始一连串的葡萄酒学习。葡萄
酒到底是什么？只不过是饮用的酒而已，为什么会
让人丢脸到想要钻进老鼠洞？好，明天就马上到书

店买几本介绍葡萄酒基础常识的书回家研读。

我想每个人都曾和我有过类似的经历吧。至少，选择这本书的人，一定有因为不了解葡萄酒而吃苦头的经验。在气氛美丽的环境下，为了想制造点浪漫，才选择葡萄酒与对方一起享用，但却因此面对难堪的处境，真是当初一点儿也没想到的事。

不过，只要一开始接触葡萄酒，就会无止境地爱上它的魅力。可以说出像侍酒师一样流畅的法文（因为葡萄酒的名字大部分都是法文），也能够清楚地表达出葡萄酒风味的个别差异与特色，真是太棒了。

为红酒下定义的章节写得相当长，目的是希望可以让大家更简单地接触葡萄酒，这样在研读葡萄酒理论前，也能够让大家了解葡萄酒绝对不难，不是什么奇怪的酒，更不是让人脱离梦幻的东西。

但是，其实葡萄酒并没有真正的定义。喝下葡萄酒，然后去感受葡萄酒，最后发自内心地表达出自己的心情和感受，这就是红酒的定义。

不过如果是用最基本的材料和制作过程来定义葡萄酒的话，由发酵葡萄所制成的"天然葡萄饮料"，就是葡萄酒。在现在流行保健饮食的时代，葡萄酒对健康的影响也一个个被列出来，相当受欢迎。简单地说，葡萄酒是一种碱性的饮料，具有中和酸性化人体的效果，是可防止老化、降低胆固醇的健康饮料。

虽然这和我们所知道的水果酒差不多，但是葡萄酒在制作过程中绝不添加水，仅用搅碎的葡萄泥制作发酵；因此酒精浓度不高，且葡萄本身的营养价值高，所以也是一种健康的酒。

葡萄酒虽是一种酒，但是绝对不是为了喝醉而饮用的酒。它是一种和食物一起饮用，可促进消化，也可以增加用餐气氛的酒，比起定义它是一种酒，或许定义它是一种"喝的食物"还更准确一些。

在很久以前，葡萄酒就被当作是外伤治疗剂、安定剂、安眠剂来使用；莎士比亚也曾说，让士兵在出战前先喝杯葡萄酒，可以预防内脏的疾病，所以也被当作是一种药来看待；也有传说葡萄酒是人类最先开始饮用的一种酒；甚至，葡萄酒也被说成是上帝赐予人类的礼物。对于这样的酒类，似乎有必要更了解它！

在对葡萄酒产生小小的兴趣之后，就可以和帅气的男子与侍酒师一起聊酒，并且一一去解开那些像猜谜游戏般的单字。以前文所叙之事为例："勃艮第"是法国地方名称，"卡本内-苏维翁"则是葡萄品种的一种，而"单宁"是形容葡萄酒涩味的成分。了解之后，发现并没有想象中难，是不是？

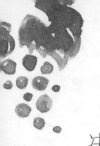

## 决定葡萄酒美味的关键！

就算没喝过很多葡萄酒，但只要看过这个章节，相信就可以了解什么是决定葡萄酒美味的关键了！

　　每个人对葡萄酒的喜好都不同，就连葡萄酒专家对于相同葡萄酒也会有不同的见解，而且每种葡萄酒都有属于自己的特质，还有葡萄酒年份（Vintage）与酿酒厂都是影响葡萄酒的关键。因此只要了解这些决定性因素，到了陈列葡萄酒的地方选酒，要知道葡萄酒的味道，就不是一件困难的事了。

　　以下内容虽然有点枯燥，但是只要耐心地看完，了解这些内容，慢慢就可以享受到这些知识所带来的甜蜜果实了。

## 1. 不同的材料——葡萄品种

 红酒用的葡萄

### 卡本内-苏维翁 Cabernet Sauvignon

　　光是诵读它的法文名字，便让人感受到高贵的气质，在品种名中即融入了红酒的浓厚魅力。葡萄深沉的颜色、奥妙的香气，以及丰富的单宁含量，使得这款酒拥有厚实的浓度和持久的香味；也因为它具有红酒独有的各种特色，因而受到全球许多红酒爱好者的喜爱。

### 梅洛 Merlot

　　梅洛是和卡本内-苏维翁一同争夺葡萄酒王位的品种，如果将卡本内-苏维翁比作是带点男性刚硬强烈特性的话，那么梅洛则可以形容成是具有女性温柔特质的品种。丰富的水果香和李子、玫瑰一

样的质地，具有柔和甜美的香气，而它滑顺的单宁口感，也就是为何把它形容成有女性特质的主因。

## 西拉 Syrah/Shiraz

喜爱古老传统历史的人，一定会喜欢这个品种，因为它是一个具有悠久历史的品种。西拉主要的生产地区是在法国的罗讷河（Rhne），不过在其他地方也有生产，被称为Shiraz；它具有独特的黑青色葡萄籽，而用此品种制作的红酒散发着深紫色的酒色，因其酿酒方式特别，所以酿造出具刺激性以及高单宁、高酒精浓度的红酒。近年来，已经慢慢在以卡本内-苏维翁与梅洛为主的葡萄酒品种世界中，重新受到注目。

## 黑皮诺 Pinot Noir

这是在法国勃艮第地区所生产的红酒所使用的主要品种，也是高级葡萄酒制作常使用的品种。一串葡萄约一只手大小，小而优雅并且葡萄皮薄，

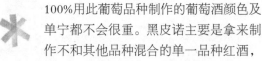

100%用此葡萄品种制作的葡萄酒颜色及单宁都不会很重。黑皮诺主要是拿来制作不和其他品种混合的单一品种红酒，栽种比较复杂，但因为散发出丰富的味道及香气，一直以来是相当受到人们喜爱的品种。

## 卡本内-弗朗 Cabernet Franc

可将此品种看作是卡本内-苏维翁的兄弟，但是两者却具有相当不同的特质。卡本内-弗朗比卡本内-苏维翁的单宁含量和酸度都低，能带出温和的

口感，因此有许多人深深地为它的魅力着迷。此品
种在阴凉的气候下也可以栽培，所以在阴凉气候的
地区，也会被拿来替代卡本内-苏维翁；在波尔多地
区，也会被拿来当作混合品种葡萄酒的材料之一。

### 内比奥罗 Nebbiolo

在意大利北部生产的高级葡萄酒巴罗洛
（Barolo）和巴巴莱斯科（Barbaresco）所使用的主
要葡萄品种，可称为是意大利的葡萄代表品种，也
是意大利酒乡皮埃蒙特（Piemonte）的主要品种。
它的葡萄籽颗粒小，葡萄皮厚，单宁含量相当丰
富，所以熟成时需要花费较多的时间。它同时具有
水果香、森林香、动物香等微妙的复合式香气，这
也是魅惑许多爱酒雅士的原因。

### 桑娇维塞 Sangiovese

与内比奥罗同为意大利的葡萄代表品种。内比
奥罗大多为北部栽培的品种，而桑娇维塞则是在中
部栽培，尤其为托斯卡纳（Toscana）地区的代表品
种；虽然单宁和酸度都相当丰富，但是不如内比奥
罗需要长时间熟成，只需短时间新鲜酿造即可。

### 丹魄 Tempranillo

此品种是会随着在橡木桶酿制的时间长短，而
产生不同酒色的西班牙葡萄品种。葡萄原色为深暗
色，但丹魄会随着熟成的时间加长，酒色也会带出
粉亮的橘色色系，因而变成各种不同的酒色。不只

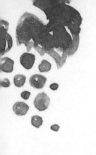

外表带给人舒服的感觉，也可以让人感受到熟成红酒在口中的美味。

### 仙粉黛 Zinfandel

此品种不管是红酒、白酒或是玫瑰酒都可以制作，味道和香气也会因此变换成各种不同的特色，是种万能的品种。温暖的加州不仅是其生存的地方，也可以提高其酒精浓度。比起其他品种，此品种具有许多不一样的特色，因此常常可以在口感温和的红酒中发现它的踪影。

### 马尔贝克 Malbec

原生产地为法国波尔多，但是却在阿根廷被拔擢成为国家代表品种，现在在许多国外地区也备受瞩目。葡萄颜色接近黑色，所以生产出的红酒酒色也较深，单宁成分高，香气及颜色复杂并且多样，在阿根廷也会以单一品种的方式制作成酒。

 白酒用的葡萄

### 霞多丽 Chardonnay

它在白酒中拥有与红酒品种中的卡本内-苏维翁同等的地位，在各种气候、土壤中都可以生存，是种适应能力相当好的品种，所以更加令人喜爱。此品种不仅在全世界都可以栽种，它所带出的味道和香气也相当多样化，也可以制作出属于白酒的气泡酒香槟。

### 白苏维翁 Sauvignon Blanc

如果说霞多丽品种的白酒适合在浪漫的气氛下，两人独处时饮用，那么白苏维翁则是适合在活泼热闹的活动中，大家一同享用的白酒。口感新鲜活跃，就如大学新生所散发出的新鲜感，其中在新西兰所生产的是口感清爽的第一品种。

### 雷司令 Riesling

雷司令的原产地为德国，在气候条件不好的环境下成长，但却是具备细腻特质的奇特品种。随着采收时的状况和酿酒方法的不同，从不甜葡萄酒到具有甜度的葡萄酒都可以生产；不仅具有酸度，同时也带有花香和果香，令品尝的人感受到幸福的感动。喝到用此品种制作的葡萄酒，可以立刻在味觉及嗅觉中感受到该葡萄酒的细致。

### 赛美蓉 Semillon

赛美蓉本身虽然容易腐败，也没有特别的香气，但却可以通过灰霉菌（Botrytis cinerea）产生出独特的甜味，将缺点转化为优点。它的酸度低，虽然不能拿来制作单一品种的葡萄酒，但只要耐心地等待，同样也可以获得口感美味、令人惊艳的白酒。

### 麝香 Muscat/Moscato/Moscatel

炎热太阳照射的土壤，造就出它深厚的甜度。原产于地中海，除了法国阿尔萨斯（Alsace）地区

所生产的品种不具甜度之外，其余都是最适合生产甜葡萄酒的品种，因此大部分都是拿来以制作甜酒为主，甜度都很高。

### 琼瑶浆 Gewurztraminer

白葡萄酒的生产大国德国是此品种的原产地，此品种是制作香气和花香浓郁的葡萄酒时的大功臣，是一种非常具有特色的葡萄品种。尤其特别适合饮食习惯又辣又甜的韩国，如果了解此品种的话，会相当喜欢它。

## 2.出生的地方——生产地

 法国

说到"葡萄酒"三个字，"法国"是第一个让人联想到的国家。法国和红酒的关系，就像一对甜蜜的夫妻或是像流着同一家族血脉的兄弟一样密不可分；这里不仅制作最高级的葡萄酒，也有最适合的气候和土壤，以及优质的葡萄品种……这么多的优点，让法国被称为"葡萄酒王国"。在法国人的生活中，葡萄酒占有很重要的地位，甚至变成了他们人生很重要的一部分。

葡萄酒在法国人生命中的地位，就是让他们生产出优良品质葡萄酒的原动力。

就和葡萄酒的种类多到无法细数一样，如果想特别去了解所有法国葡萄酒种类的话，是一件无意

义的事，地方色彩强烈的法国葡萄酒，怎么可能全部都了解；想要去定义法国葡萄酒，也是一件不必要的事。

不过，倒是可以介绍法国的葡萄酒生产地以及特性让大家了解；在法国境内，主要有三个地方生产葡萄酒：波尔多、勃艮第、香槟区（Champagne）。

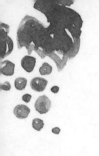

##  贵族的气氛：波尔多

让葡萄酒流行全世界的波尔多，位于法国西南部，是全世界最大、品质最好的葡萄酒诞生地。在这个地方生产的红葡萄酒品种有：卡本内-苏维翁、梅洛、卡本内-弗朗；以及白葡萄酒：霞多丽、赛美蓉、白苏维翁、麝香等品种。这里也可以称为红葡萄酒的重镇，是卡本内-苏维翁最主要的生产地。

比较特别的是，在波尔多又有以卡本内-苏维翁为主原料，生产出由两种以上其他品种混合的葡萄酒，由于搭配比例的不同，所产生的味道也会不一样。因此，同样都是在波尔多地区所生产的红酒，并不是全都一样，会随着不同的地区以及不同的制作方式，生产出不一样特性的葡萄酒，但同样都用着"波尔多"的名字。

因此，在选择波尔多葡萄酒的时候，必须将此区葡萄酒所拥有的特性以及所生产的葡萄酒所带有的特性一个个确认，这也使挑选法国红酒多了另一种乐趣。

波尔多葡萄酒产区在以吉伦特河（Gironde）为中心的梅多克（Mdoc）、格拉夫（Graves）、圣艾美浓（St.Emilion）地区生产红葡萄酒；白葡萄酒则是在布莱依山谷（ECotes de Blaye）、思特-多-默尔（Êntre-Deux-Mers）地区生产。大多数生产葡萄酒的国家，都会有标明葡萄酒等级的方式，尤其在法国更是严苛。法国的等级（Appellation d' Origine Contrôlée, AOC）已成为国际性的标准；但在波尔多除了这项标准之外，另有更严格的葡萄酒等级标示，是分别在酒标上标上"地名""生产者""葡萄庄园名称"等三种等级。例如最广为人知的Chteau（城堡、大住宅的意思）葡萄酒则是上列三个等级中的葡萄庄园名称，就是指由特定的葡萄庄园所生产的葡萄酒；从栽培葡萄、制作葡萄酒，到入瓶包装等，都在这个庄园完成。

 坚持纯粹：勃艮第、博若莱（Beaujolais）

　　勃艮第和波尔多一样被称为法国代表性的葡萄产地，但勃艮第地区所生产的葡萄酒和其他地区不同的是，该区只使用单一品种制作。红葡萄酒所使用的品种黑皮诺与白葡萄酒品种霞多丽都是勃艮第产地的品种。只要了解这些品种的特性，就算是初学者也可以简单地区分一般都会做混合的波尔多葡萄酒以及只制作单一品种的勃艮第之间的差异。在勃艮第生产的酒又区分为Regiona（地方性）、Village（村庄级）、Premier Cru（特级酒庄）三个等级，越后面越高级；葡萄园土壤的特性和土地的倾斜度及方向都会影响到等级的区分。

　　近年来广为风行的博若莱，其实是一个地区名称，位于勃艮第最南端梅多克地区的边界，该区以生产博若莱酒（Beaujolais Nouveau）而广为人知。以前博若莱在行政区域上被编入勃艮第区内，但现在已经成为一个独立的行政区。博若莱以生产佳美（Gamay）葡萄品种为主，所生产出的酒在味道及香气方面都是属于比较清淡的葡萄酒。

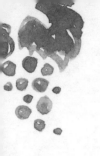

 香槟的发源：香槟区

　　位于法国北部的香槟区以生产气泡式葡萄酒香槟而闻名。每次在庆贺的日子，想要营造出庆祝气氛时不可或缺的香槟，都是用霞多丽、黑皮诺与莫尼耶皮诺（Pinot Meunier）等三种葡萄品种制作而成的。特别要说明的是，只有这个地区所生产的气泡式葡萄酒，才可以被称为香槟！

　　这个地区因香槟而声名大噪，但香槟是怎么被发现的呢？有一年冬天，放在橡木桶内的葡萄汁还来不及完全发酵，寒冷的季节就来了，因此一直到隔年的春天，葡萄汁才又开始了第二次的发酵，没想到却发生了储藏室橡木桶爆炸的情况，当时的人

们还将此葡萄酒称为"恶魔的葡萄酒"。

但是奥特维尔（Hautvillers）修道院的一名修道士唐·培里侬（Dom Perignon），却对这样的现象感到好奇并开始研究。最后发现了在发酵过程中所产生的气泡，便发明出了此美酒的制作方法。而利用此方法所制作的发泡性葡萄酒，都必须在标签上标上"Methode Champenoise"。

 ## 其他生产葡萄酒的地区

除了前面所说的三个地区之外，法国还有其他地方也生产高品质的葡萄酒，以下一一说明：

### ·阿尔萨斯（Alsace）：

首先是生产白葡萄酒最有名的地区阿尔萨斯。这个区域与德国相邻，所生产的葡萄酒特质也和德国的相当接近，就连瓶子的模样也类似。采用雷司令、琼瑶浆、麝香、灰皮诺（Pinot Gris）等数种葡萄品种而产生的独特香气葡萄酒，也只有这里才可以制成，而使用的葡萄品种都必须标明在酒标上。虽然生产的数量很少，但是有时也会利用黑皮诺来制作红酒或是玫瑰酒。

### ·卢瓦尔（Loire）：

这里被称为"法国的庭院"，顾名思义，是个相当美丽的地区。在这里可以遇见和地名一样美丽浪漫的白酒，这里所生产的白苏维翁更是绝品。同时这里生产许多种类的葡萄酒，而且几乎是所有玫

瑰葡萄酒的种类都生产。红酒产量丰富，可以尽情享用，因此卢瓦尔又被称为"玫瑰葡萄酒的波尔多"。

### ·罗讷河（Rhne）：

沿岸的罗讷河地区（Cote du Rhne），因为阳光充足所以生产许多红酒。这里的红酒香气浓郁，和其他地方有相当不一样的特质，这个区域北部生产的红酒品质相当好。

### ·朗格多克–鲁西永区（Langedoc-Roussillon）：

在这个区域中，主要生产任何人都可以毫无负担享用的"餐酒（Vin de Table=Table Wine）"，是一种等级较低的酒，但也因此容易取得，并且和任何食物都可以搭配，受到许多人的喜爱。2006年后，这区域改名为"南部法国（sud la France）"，为了继续生产更高格调的葡萄酒一直持续努力着。

 法国的葡萄酒等级

被称为葡萄酒王国的法国，对于葡萄酒的等级管理相当严格；为了保护很久之前就流传下来的葡萄酒王国封号，并保持葡萄酒品质，制定了全国性的AOC法，并以法令实行。法国的葡萄酒等级如下：

### ·Appellation d'Origine Contrôlée,AOC：

颁订在法国所生产的优秀品质葡萄酒等级认定。用简单的说法来说，即为"原产地统一

名称"。例如在波尔多地区Haut Medoc所生产
的红酒，就必须标记为"Appellation Haut Medoc
Contrôlée"。

· Vin Délimité de Qualité Supérieure, VDQS：

这是比AOC的等级再低一等的红酒，但一样
也得遵守相当严格的规则才行，字面上的意思就是
"优秀品质的葡萄酒"。

· Vin de Pays, VDP：

字面上的意思为"地方名称"，表示地方色彩
相当浓厚的等级，标示着生产地的保证图样。

· Vin de Table, VDT：

这是等级最低的葡萄酒，被解释为"餐酒"，
此等级的葡萄酒可以没有负担地享用，很适合搭配
任何一种食物，而价格也较低廉。但因为是最低等
级的葡萄酒，不会仔细地标示生产地和葡萄品种。

 意大利

如果有人问近来最有人气的葡萄酒生产国是
哪里，而你回答"法国"的话，那可就大错特错
了！因为最近受到全世界瞩目的葡萄酒生产国是意
大利。半岛地形的意大利，从北部的阿尔卑斯山脉
一直到南部地区，具有多样的气候特性及土壤，使
得这里除了有数百种广为人知的葡萄品种之外，还
有许多鲜少人知道的品种。以这样丰富多元的品

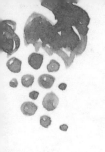

种为基础，这里生产了许多不同种类的葡萄酒；其中红葡萄中最具代表性的品种为内比奥罗、桑娇维塞；用来制作白葡萄酒的则是以特雷比奥罗（Trebbiano）为主。

意大利也和法国一样制定葡萄酒等级DOC法，并稳固葡萄酒生产品质管理的体制。其中依优劣又区分为 DOCG（Denominazione di Origine Controllata e Garantita）、DOC（Denominazione di Origine Controllata）、IGT（Indicazione Geografica Tipica）与VDT（Vino da Tavola）。DOCG是具有政府保证的最高等级葡萄酒，DOC则是制定各葡萄酒的生产标准，字面意思为"原产地统一名称制度"。不过，即使是VDT的等级，也有很多是达到DOC级的优良红酒；标准较不严苛的VDT中，多是以独特方法酿造的葡萄酒。

 德国

多数人听到德国，第一个想到的是啤酒，但如果是喜爱葡萄酒的人，则会最先联想到白葡萄酒。德国的白葡萄酒酒精浓度低，又含有特殊香味及风味，因此受到全世界酒迷的喜爱，会有这样的成果，全都是德国人努力的结果。

其实德国的气候条件并不适合生产高品质的葡萄酒，但他们使用科学的技术，在南向的山坡上栽培葡萄树，开发出可以在寒冷环境生长的品种，而且对于酿造法也是不停地研究精进，才有了今天的成果。因此，德国的葡萄酒是德国人用他们的努力所换来的成果，当品味德国的甜白葡萄酒时，似乎可以从甜白葡萄酒的美味中，感受到德国人辛苦的汗水。这里的白葡萄酒主要以雷司令、米勒–图高（Muller Thurgau）、西万尼（Sylvaner）等葡萄品种所制作。

就如同法国和意大利一样，德国也制定了葡萄酒的等级。德国的葡萄酒等级，最高级为QmP（Qualitatswein mit Pradikat），依葡萄采收时期不同又分为Kabinete（珍藏葡萄酒）、Spatlese（晚采收葡萄酒）、Auslese（精选葡萄酒）、Beerenauslese（逐粒精选葡萄酒）、Trockenbeerenaulese（逐粒精选葡萄干葡萄酒）、Eiswein（冰葡萄酒）等六个等级；其次为QbA（Qualitatswein bestimmter Anbaugebiete），这是一种在特殊区域所生产的优良葡萄酒；最后则是Land Wein，这种酒和法国的餐酒相同特质，其中Tafel Wein则是德国餐酒的最低等级。

 美国

美国葡萄酒可以直接称为"加州葡萄酒"，因为这里的葡萄酒都是集中在加州生产。美国的葡萄酒历史上受到很多打压，不过现在已经可以生产出足以跟欧洲葡萄酒品质抗衡的酒了。甚至在加州大学里也有专门研究葡萄品种及酿造技术的团队，持续地研究葡萄酒；而加州大学的努力，也培育出像罗伯特・派克（Robert M. Parker）这样世界著名的评论家，在葡萄酒世界中也发挥了许多潜在的影

响力。

加州固有的葡萄品种以仙粉黛闻名于世，这个品种所制作的葡萄酒口味相当甜蜜并带有舒爽的感觉。加州的Sutter Home（舒特家族酒庄）、Montevina（蒙特维纳酒庄）、Trinchero（金凯家族）、Beringer（贝灵哲酒庄）等，都是世界相当著名的葡萄庄园。

 澳大利亚

澳大利亚是葡萄酒历程才开启没多久的新兴国家。起初，这个国家投入葡萄酒产业最主要的原因是想要酿造制作点心用的葡萄酒，因而才开始研发；在经过无数次的技术革新之后，成绩已经相当亮眼，现在也已经生产出全世界都认同的葡萄酒了。澳大利亚的葡萄栽培主要都集中在南方，因为气候都很温暖，品质差异不大，所以不会特别着重于某个特定庄园所出产，这也是澳大利亚葡萄酒的特色。

 智利

到超市购买葡萄酒的话，你会意外地发现购买智利葡萄酒的人很多，因为智利的葡萄酒不仅价格低廉，而且同样也能制造出品质不错的葡萄酒。智利为南美地区生产葡萄酒的主要国家，拥有相当适合葡萄栽植的气候与土壤，品质良好。因此在智利就算有人想要故意制作出不好的葡萄酒，也无法真

的成功。所以智利葡萄酒算是入门酒种，因为挑选
到坏酒的概率很低。

## 3. 美妙的差异

影响葡萄酒美味最大的因素除了葡萄的品种和
生产地之外，还有葡萄成熟的时间和酿酒师，这些
都是关系到葡萄酒美味的重要元素。

Vintage指的是葡萄酒生产的年份，也就是收割
葡萄的年份，一般都会标示在酒标上；不过餐酒等
级的葡萄酒，有时没有标示。法国、德国和意大利
北部，因为气候变化很大，所以葡萄栽植的状况会
有很大的差异，而葡萄采收的年
度，会让葡萄酒的味道完全不
同。不过因为近年技术渐渐提
高，因此收割的葡萄品质不会受
限制，有些地方也能够生产风味
稳定的葡萄酒。

酿酒师是制作、酿造葡萄酒
的人。每个酿酒师的酿酒哲学都
不相同，所以即使是同一年、同
一土壤所生产的葡萄所制作出来
的酒，也会有不同的差异。许多
上等的葡萄酒都会在酒标上标上
酿酒师的名字，例如勃艮第出产
的葡萄酒，就算是相同的酒名，
但会由不同的酿酒师所制作，这
一点需要仔细看清楚。

# 酒，也可以这样区分！

　　了解决定葡萄酒美味的关键因素之后，接下来就需要进一步了解葡萄酒的区分方式。葡萄酒的种类就像天上的星星一样数不清，每瓶酒的特性也都不同，所以更需要一些特定的分辨标准，不然不仅无法分辨出它们的独特感，也无法了解每瓶酒所拥有的深层意义。

　　以下用最简单的方式，让大家了解区分葡萄酒种类的基本方法，让大家可以更接近葡萄酒。大略的辨别有下列几个方式。

## 1. 眼睛，来区分一下颜色

 红葡萄酒（Red Wine）

　　红砖色、紫朱色、红宝石色、红褐色等，简单来说，只要可透出红色光泽的葡萄酒，全部都称为红葡萄酒；而葡萄酒随着熟成程度的不同，就会产生颜色上的变化。透出红光的原因，是因为红葡萄酒的材料为红色的葡萄，而其葡萄皮则是颜色产生的主要因素。

　　红酒制作时，会将采收后的葡萄放入采收器和搅碎机，将葡萄串中的葡萄籽分离出，再将葡萄搅碎，同时开始制作红酒；接着马上将搅碎的葡萄移到发酵槽中，开始进行第一次发酵。此时，葡萄皮的红色色素会慢慢溶于白色的葡萄泥之中；葡萄泥因为是从透明的果肉所抽取，几乎没有颜色，但是因为葡萄皮的色素渗入，所以变为了深红色。葡萄皮的颜色不只决定了红葡萄酒的色泽，它所含有的单宁成分，也是红葡萄酒产生干涩味的要素。

 白葡萄酒（White Wine）

带有淡黄色、淡黄绿色、稻草色、金黄色、南瓜色这些像是透明如水的葡萄酒都称为白葡萄酒。它的颜色的来源和红葡萄酒相同，随着酿造阶段的不同，所产生的葡萄酒色也不同。

白葡萄酒的制作与红葡萄酒的制作区别在于葡萄皮渣发酵的过程不同。白葡萄酒会除葡萄皮，压榨葡萄让葡萄肉与葡萄皮分离，只让分离出的葡萄肉发酵，所以不会产生像红葡萄酒般的红光，当然也不会有会产生干涩味的单宁成分。

很多人都认为白葡萄酒一定是用青葡萄所制作，但其实不只是青葡萄可以制作，就连红葡萄也可以制作白葡萄酒。因为不同的制作过程，即使用相同的葡萄品种，酿造出的葡萄酒也可以完全不同。

 玫瑰葡萄酒（Rose Wine）

　　红、白葡萄酒的中间色，是一种带有粉红色的酒，会让人联想到女性粉红色的脸颊，相当适合浪漫的气氛。

　　玫瑰葡萄酒的制作有很多方法，有红葡萄和白葡萄混合酿造；也有在制造过程中轻轻地压榨红葡萄让葡萄皮颜色萃取出来；也有在第一次发酵中缩短整个酿造的时间；或者是缩短果肉和葡萄皮的接触时间，让颜色轻轻带上。

　　而法国的玫瑰葡萄酒制作方式，主要是选择和红酒一样的葡萄品种，接着在第一次发酵的时候，缩短发酵时间，这样的味道会和白葡萄酒相似。

## 2. 双手，制作方式各有巧妙

 酒精强化葡萄酒（Fortified Wine）

　　在葡萄酒制作过程中，有时会加入蒸馏酒白兰地（Brandy），增加酒精浓度至16%~20%。但不同的国家会有所差别，西班牙人加入雪莉（Sherry），葡萄牙人加入波特（Port）或马德拉（Maderia）等。波特葡萄酒主要是搭配乳酪和蛋糕等点心享用。不过品尝葡萄酒不会有特定的规则，随着情况的不同，不只可以当作餐前酒、餐后酒、鸡尾酒，还可以拿来加入料理之中，增加料理的美味。

加香葡萄酒（Flavored）

就如其名一样，是香气更浓郁的葡萄酒。在葡萄酒发酵前后，添加水果香等自然香气，提升葡萄酒的香味。加味葡萄酒的维茂斯（Vermouth）则是此类葡萄酒最具代表性的例子，最主要的是拿来制作鸡尾酒。

 气泡葡萄酒（Sparkling Wine）

在庆贺的日子中绝对不能缺少的葡萄酒香槟，就是气泡葡萄酒的代表，统称"碰"和会发泡的葡萄酒。当细微的气泡倒入杯中缓缓上升，气泡维持得越是持久，葡萄酒的余香越是满溢。

所有的葡萄酒在发酵时，葡萄本身可以分解糖分和酒精一起产生碳酸气。一般葡萄酒发酵的时候，在橡木桶中蒸发碳酸气后装瓶，这种方法称为 Still Wine（无汽葡萄酒）；相反地，在第一次发酵结束后，在葡萄酒内加入酵母和糖，让葡萄酒在瓶子内进行第二次发酵，并且产生气泡，这就是气泡葡萄酒（Sparkling Wine）的产生。

不过需要特别说明的是，很多人会错认"气泡葡萄酒＝香槟"，如果让住在香槟区的居民听到这样的话，可会相当难过的。因为气泡葡萄酒最初是在法国香槟区所生产，所以在这里生产的气泡葡萄酒，才会特别挂上这一区的名称"香槟"。所以不是在香槟区生产的气泡葡萄酒，都不可以称为香槟；因此在购买气泡葡萄酒的时候，必须要特别去确认该葡萄酒的生产地。

### 3.舌根，尝到甜味了吗?

 Dry Wine（干葡萄酒）

"Dry"如果拿来表达葡萄酒的口味，指的是"不甜"的意思。Dry Wine也就是一种几乎感受不到葡萄酒的甜味，微苦和干燥的感觉。

葡萄酒的甜味是在葡萄泥内不完全发酵，用葡萄本身所具有的葡萄糖来决定的。而Dry Wine的状况则是，在发酵桶中让葡萄泥完全发酵后装瓶，所以酒精成分较高，糖分则是几乎没有存留。这类型的酒，通常都是在餐前及用餐中饮用。

 Medium-Dry Wine（半干型葡萄酒）

虽然属于Dry Wine的一种，但是其果香丰富，又可以感受到其介于不甜与甜之间的口味。整体上，这是一种在感受到葡萄酒酒温和口感的同时，又带有淡淡干涩风味的葡萄酒。

 Sweet Wine（甜型葡萄酒）

顾名思义，是一种可以在舌根上感受到甜味的葡萄酒。在发酵桶内不让糖分发酵，除了将酵母去除之外，还有在第一次发酵的时候，使用人为降低温度来抑制酵母发酵等方法制作；品尝的时候可以感受到舌根上葡萄酒内留下的葡萄糖所带来的甜蜜的口感。Dry Wine的味道是和Sweet Wine完全相反的酒。除此之外，在Sweet Wine之中，还有晚收成的葡萄酒，受到贵腐病影响的"贵腐葡萄酒"，例如冰酒（Ice Wine）就是晚收成葡萄酒的代表酒。

### 4. 嘴巴，感受到酒了吗？

Dry Wine和Sweet Wine是用在舌根上感受甜度有无来辨别，而酒体厚度（Body）则是在嘴内感受葡萄酒的整体重量感。简单地说，喝水时所感受到的重量与喝牛奶时所感受到的不同落差，在葡萄酒之中就被称为Body的差异。

除了水之外，其他的成分也都会影响葡萄酒的浓度，一般酒精浓度越高或是香气、风味越是复杂的葡萄酒，越是可以感受到浓稠感。

但是很多人会把有甜味与否和Body的差异认为是一回事，这是很大的误会！这两种是完全不同的东西。品味葡萄酒可以让舌头及嘴的味觉变得敏锐，真的可以带来许多的乐趣呢。以下是葡萄酒Body的区分方式：

 Light-bodied（轻度酒体）

味道感受起来相当轻盈，和喝开水时所感受到的重量类似。

 Light Medium-bodied（轻中度酒体）

在葡萄酒中感受到许多不同的风味，整体上有轻巧平衡的重量感，就如轻果汁的口感。

 Medium-bodied（中度酒体）

　　除了水分之外，还包含了其他的成分，如酸度、单宁、酒精、糖分等因素，让葡萄酒在嘴里产生一些重量感，就和自己在家里亲手制作果汁的重量感类似。

 Medium Full-bodied（中度浓厚酒体）

　　整体上具有相当的重量感，口感相当丰富，就同喝牛奶时在嘴里的感受类似。

 Full-bodied（浓厚酒体）

　　重量感强烈浓郁，可以明显感受到沉甸甸，口感就同浓郁的豆浆牛奶或是浓郁的蜂蜜水在嘴里的重量类似。

## Part 11

# 实战！开始接触葡萄酒

　　了解了红酒的基本常识之后，现在就要正式开始进入品尝红酒的阶段。购买葡萄酒的方法有两种，一是到葡萄酒专卖店或是超市等地方购买，另一种则是到葡萄酒酒吧或是餐厅点葡萄酒。在这里就要让大家知道在遇到这两种状况时，如何可以不慌张并优雅地像专家一样选用葡萄酒。

# 购买葡萄酒时的Check List（检查清单）

### 1.检查葡萄酒的身份，酒标

"酒标"就是葡萄酒的身份证，上头会标注该葡萄酒的基本信息，如果仔细了解酒标的内容，对于该葡萄酒的风味及特色应该都可以大致了解。但对初学者而言，要"有能力"看得懂酒标，并不是件简单的事；大多数人都会被上面所写的法语、德语、意大利文吓到。不过有一些诀窍可以告诉大家，其实只要知道几个常用的单词，就算看不懂外文，要解开如谜语般的酒标也不会是一件困难的事。在了解一些基本的单词之后，其余的只要查阅葡萄酒用语就可以。

那么，要怎么解读酒标呢？诀窍是，要从大字母开始阅读。虽然每个国家的葡萄酒酒标内容都不太一样，但是只要抓到窍门之后，很快便可以上手。

接着，我们就来实际演练一下！先以德国、意大利、法国与美国葡萄酒的基本酒标为范本，来让大家认识吧！

德国

大部分是将栽植葡萄的地区名称以大字标上，或是写上有独特意义的新名字，下图再标记出葡萄品种和葡萄酒的等级。

---

HENKELL

HENKELL→葡萄生产者
TROCKEN→和Dry意思相同，不过这瓶酒上则是酒名
Feiner Sekt→意思为"好的气泡葡萄酒"
HENKELL & CO SEKTKELLEREI KG→生产公司
WIESBADEN→生产地区
DEUTSCHLAND→生产国家

---

 意大利

意大利葡萄酒的酒标上，会标记生产者名字、生产地、葡萄品种等内容。

---

CASTELLO DI QUERCETO

CASTELLO DI QUERCETO→生产者（葡萄园）
Chianti Classico→葡萄酒名
Denominazione di origine cotrollata e garantita→DOCG 等级的标示
PRODUCTED AND BOTTLED BY ALESSANFRO FRANCOIS GREVE IN CHIANTI–ITALIA→生产与装瓶的地方
PRODUCT OF ITALIA→生产国家
750ml→容量
12.5%→酒精浓度

---

 法国

法国的酒标上一定会标示上等级、产地、年份、酒精量、容量与生产者的名字。前面提到的AOC等级葡萄酒，更是被严格地规定必须标记；波尔多地区和勃艮第地区的葡萄酒会有一些小差异。

**·波尔多地区：**

首先，先确认AOC地区名称。接下来则是只有波尔多地区有的等级标示：标示地区名的葡萄酒（例：Bordeax，波尔多）、标示小地区名称（例：Graves，格拉夫）、标示乡村名称的葡萄酒（例：Margaux，玛歌）。如果是在大区域所生产的葡萄酒，标示的地区名称越仔细的话，就表示为高品质的葡萄酒，这也是选酒时要考虑的要素。

| | |
|---|---|
| MoUToN CADET | BARON PHILPPE DE ROTHSCHILD→生产者 |
| | MOUTON CADET→葡萄酒名（商标） |
| | BORDEAUX→原产地 |
| | APPELATION BORDEAUX CNTROLE→AOC等级 |
| | 1999→年份 |
| | MIS EN BOUTEILLE A SAIN–LAURENT–MEDOC PARBARON PHILIPPEDE POTHSCHILD. SA NEGOCIANTS A PAUILLAC– GIRONDE – FRANCE→装瓶地区 |
| | PRODUCT OF FRANCE→生产地 |
| | 12 vol→酒精浓度 |
| | 750ml→容量 |

**·勃艮第地区：**

栽植葡萄的地区名称会以大字体标示。而勃艮第地区也有属于该地区的等级：Village Wine标示地

区名称，Premier Cru则代表着特定葡萄栽种的葡萄
园所生产的葡萄酒。

在标签上，地区名称首先标示，接下来则标示
葡萄园名称。Grand Cru指的是在Premier Cru中所选
择的葡萄园中生产的，这也是勃艮第葡萄酒中最好
的葡萄酒，不过这瓶只有标示出葡萄园名称。

BOURGOGNE
CHARDONNAY

La Vignee→葡萄酒名
2000→年份
BOURGOGNE CHARDONNY→勃艮
第 霞多丽
APPELLATION BOURGOGNE
CNTROLE→AOC等级
MIS EN BOUTEILLE PAR
BOUCHARD PERE & FILS→装瓶者
CHATEAU DE BEAUNE, COTE-
D'OR FRANCE→生产地区
PRODUIT DE FRANCE→在法国生产
13 vol→酒精浓度
750ml→容量

 美国

美国的标签比欧洲的简单易读许多。在美国
的标签中用最大字标示的是公司名称和葡萄品种名
称，欧洲则比较少标示葡萄品种，但在智利、南
美、澳大利亚和南非地区等地方的标记，都一定会
标示出品种。

INSIGNIA

JOSEPH PHELPS→生产者
INSIGNIA→葡萄酒名
NAPA VALLY→生产地区
RED BOTTLE WINE
CABERNET SAUVIGNON 83%.
MERLOT 17%→葡萄酒类和葡萄
品种

## 2. 只要看一眼就知道波尔多

酒标主要功能是负责传达该葡萄酒的信息，但是要将酒标上所有的文字都读完，也是一件困难的事！所以，关键就是"生产地"。只要先了解这瓶葡萄酒是在哪里所生产的，那么了解这瓶葡萄酒就会加倍简单。在这里提供给大家一个非常简单、可以立即知道该葡萄酒生产地的方法——从瓶子的外观来判断。因为随着生产地、酒的特征的差异，酒瓶的模样和颜色也都会不同。

酒瓶的外观最具代表性的有波尔多型、勃艮第型、阿尔萨斯型、香槟型等，而在其他地区中生产的酒，也常使用波尔多型或勃艮第型的葡萄酒瓶，所以有时看瓶子的模样，也没办法马上分辨出是产自哪里的酒。但是，也唯有在使用波尔多或是勃艮第的主要葡萄品种时，才会使用该地区的瓶子，因此在喝这瓶葡萄酒时，同样也可以感受到类似的风味和气氛。

 波尔多型

这是最常见的葡萄酒外观，瓶肩高而瓶颈窄，这是因为制作波尔多葡萄酒主要的品种为卡本内-苏维翁，这种葡萄皮较厚，因此沉淀物比较多；这样的窄式瓶颈设计，在倒葡萄酒时，瓶颈可以阻挡沉淀物一起进入酒杯。

 勃艮第型

比起波尔多型的酒瓶，勃艮第在瓶肩的部分较低。曲线优美及柔滑的设计是主要特征；因为主要制作品种黑皮诺的葡萄皮较薄，相对沉淀物也比波尔多葡萄酒要少许多，因此不需要设计高瓶肩的部分。

 阿尔萨斯型

与勃艮第型的瓶子不同，阿尔萨斯型的瓶子细瘦许多。

 香槟型

几乎大部分气泡葡萄酒瓶的设计都类似，瓶肩较宽，和勃艮第型比起来瓶肩略宽，也比较大。酒瓶的材质厚实，用相当坚固的玻璃制作，这是因为瓶子必须承受二氧化碳所产生的压力，是一种外观看起来安全稳重的瓶身。

### 3. 葡萄酒的好伙伴们

会购买葡萄酒的人，没有人会是想要牛饮葡萄酒的，所以送给人当礼物，也不能没有葡萄酒杯，这是在喝葡萄酒时不可或缺的重要元素，如果用一般的杯子喝，那多破坏气氛呀。另外葡萄酒也和啤酒、烧酒不一样，葡萄酒塞有软木塞，而且打开之后，要再将软木塞塞回去，更不是个容易的事；红酒只要开瓶后就会产生氧化，所以必须马上喝完或是要完全密封才行，要像软木塞一样完全密封是很困难的事情，不过最近也出现了葡萄酒专用的瓶塞，真是一大福音。

 杯子

如果想要品味葡萄酒，杯子更是不能马虎。葡萄酒酒杯的种类和葡萄酒一样，相当多，一开始也不可能全部都准备齐全，只要先准备郁金香（Tulip）模样的杯子即可。这种葡萄酒杯可说是葡萄酒杯的基本款，杯身圆胖、杯口缩起，这样设计可以聚集葡萄酒的香气，避免往外扩散，是刚开始喝葡萄酒的入门款。

拿起葡萄酒杯的时候，必须抓住葡萄酒杯细长的杯脚。因为如果抓住圆胖杯身的话，手上的热度会影响到葡萄酒的温度，造成葡萄酒变质。

甚至还有许多葡萄酒专家都表示，依照不同品种制作的葡萄酒，都需要使用不同的葡萄酒杯才行，这样更可以品尝到该葡萄酒真正的美味。不同杯子的外形和倾斜度，让人即使是喝了同一种红酒，也可以感受到风味的不同。

以下是最广为人知的几种杯子：

**·波尔多红酒用酒杯**

　　典型的红酒酒杯，在杯口的地方有点弯入。

**·勃艮第红酒用酒杯**

特征是在杯口的地方朝外方弯出。

**·波尔多、勃艮第白酒专用杯**

　　比起红酒杯稍小，为了符合必须冰凉饮用的白葡萄酒特性，因此设计了较小的杯子，减少温度上升。

**·香槟专用杯**

　　有长长的长笛状以及圆鼓状两种造型的杯子。长笛状的杯子可以清楚欣赏到气泡上升的样子；而圆鼓状的杯子则是为了在宴会的时候，一口痛饮时使用。

### ·雪莉葡萄酒专用杯

适用于雪莉葡萄酒和波特葡萄酒的杯子。

### ·阿尔萨斯葡萄酒专用杯

阿尔萨斯葡萄酒带有酸味并且味道相当浓烈，因此在杯口的部分设计弯入的弧度较大，且比一般的红酒杯还小。

 开瓶器

饮用葡萄酒的时候，第一个要碰到的问题就是"软木塞"。许多刚开始饮用葡萄酒的人，都会发生把软木塞弄碎，或是折断的状况，也常常会出现软木塞直接掉入酒瓶里面的状况。不当的开瓶器技术，不仅有可能会发生危险，也有可能会影响酒的美味。

使用开瓶器的时候，首先必须先将葡萄酒瓶口外部的铝箔纸完全撕除，并且开瓶器的螺旋刀尖处必须置放在软木塞正中间；接下来，最重要的就是将开瓶器的尖端转入软木塞最底部的动作。如果选用适合自己的葡萄酒开瓶器的话，也可以达到事半功倍的效果！

开瓶器种类如下：

初学者也可以简易使用的开瓶器，利用两边的杠杆，只要三秒钟就可以把软木塞拔起。

此款为专业型的开瓶器，有撕除铝箔纸的刀片和折叠式的螺旋刀尖。开瓶器其中一面的杠杆部分也可以打开啤酒和饮料的瓶盖。

将螺旋刀尖插入软木塞内，而瓶口的部分用开瓶器的身体固定后，再将软木塞由上拉起。

螺蟹的外观，将螺旋刀尖插入软木塞之后，利用一边的杠杆将软木塞拔起。

 瓶塞

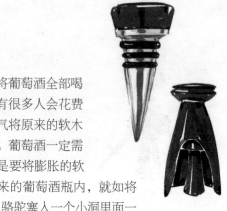

当无法将葡萄酒全部喝
完的时候，有很多人会花费
相当大的力气将原来的软木
塞塞回瓶口。葡萄酒一定需
要瓶塞，但是要将膨胀的软
木塞塞回原来的葡萄酒瓶内，就如将
骆驼塞入一个小洞里面一

样困难。所以市面上有螺旋状的瓶塞，
以及可维持真空状态的抽气型瓶塞等，
有各式各样设计的瓶塞。只要有这种东
西的话，就可以脱离一次要喝掉750毫
升葡萄酒的压力感。不过不变的真理
是，开瓶后的葡萄酒都必须在2至3天之
内尽快饮用完毕。

### 4. 适当的温度

每个人喝酒的习惯都不一样，有人爱喝冰凉的烧
酒，也有人喜欢温暖的烧酒；甚至还有人喜欢在烧酒
里面放入冰块。但是，葡萄酒不一样，它有属于自己
最适合享用的温度，也有自己独特的风味，因此为了
保有独特的风味，必须要有适当饮用的温度才行。

红酒要在常温饮用，而白酒则必须冰凉饮用；且
红葡萄酒和白葡萄酒保存的方式不同，不能保管在冰
箱内。但是，虽说红酒必须放在常温之中，不过也不
是指在严暑的季节也要任其闷晒。

"白葡萄酒凉凉地喝，红葡萄酒室温享用。"是

因为白葡萄酒含有苹果酸，所以在清凉的温度中可以感受到新鲜的口感；而享用红酒则是温度越高，感受到的甜度也越高，温度越低则会有越多涩味。

依葡萄酒种类的不同，建议的温度如下：

深红葡萄酒：15~20 度
浅红葡萄酒：12~15 度
干白葡萄酒：10~12 度
甜白葡萄酒、气泡葡萄酒：5~10 度

## 5. 保存方式

葡萄酒对于温度变化相当敏感，这一点有点像是对事物感到敏锐的女性。收到高级红酒的礼物或是下定决心购买葡萄酒，在保存上也需要多费点心思才行，所以更需要了解保存葡萄酒的方法。

 品尝之前

红葡萄酒与冰凉是绝缘体，请放在无阳光直射的阴凉地方；而白葡萄酒刚好相反，需要在冰箱保存。

购买了不错的红葡萄酒，如果没有要马上品尝的话，千万不可以像其他食物一样将它放在冰箱里，因为温度下降会让酒的熟成停止，并且软木塞也有变干燥的危险。另一方面，冰箱内有许多其他的食物，也会让葡萄酒原有的风味流失。

红葡萄酒必须放在阴凉的地方保存，如地下室或者不会有阳光直射的地方都可以。保存时也可以平放在断热效果不错的泡沫塑料盒内。需要将葡萄酒平放

的原因是为了避免软木塞干燥。要是软木塞干燥，会形成萎缩现象，造成软木塞与瓶口之间出现缝隙，外部的微生物也会因此进入葡萄酒内，造成酒变质。

 品尝实战

想要享用珍藏的葡萄酒，配合适当的饮用温度也是不可忽略的重点。

红酒保存在室温之内，因此在享用之前必须先检查室内温度才行；而品尝白葡萄酒最简单的方法就是把它整瓶放进冰箱内。虽然长时间在冰箱内保存，并不是一件好事，但是如果时间紧迫，为了在短时间内降低温度的话，放进冰箱也可以了，如果可以在喝白葡萄酒前的5至6小时开始准备，是最好不过的事了。

除此之外，使用葡萄酒冰桶（Wine cooler）效果更好。金属材质的桶子深度可到葡萄酒瓶肩，只要在冰桶内放入冰块和水，按2∶1左右的比例，就可以让葡萄酒温度充分下降。就算没有放很久的时间，也可以马上达到所需的低温，打个比方：如果室温是25度，希望的葡萄酒的温度为13度的话，大约放12分钟就可以达到。

 品尝之后

虽然最好的情况是，拔除软木塞的当天就把葡萄酒饮用完毕，但是如果只有一个人的时候，要将750毫升喝完也太强人所难。要是有剩余的葡萄酒，先用前面所提及的瓶塞封住瓶口，接着在室温之内保管；白葡萄酒则需要在冰箱保存。但是这样的存放方式，也需要在2至3天内饮用完毕才行。万一太久没有继续饮用，葡萄酒的味道会相差很多，此时就可以拿来在料理中使用。

# 到葡萄酒酒吧的Check List

### 1.跟着我一起阅读葡萄酒酒单

　　大部分的葡萄酒酒单都会将"葡萄酒的种类"作为大区分,依红葡萄酒、白葡萄酒、香槟(气泡葡萄酒)、玫瑰葡萄酒等顺序。接下来,如果要细部区分的话,则先以"国家"区分:法国葡萄酒、其他国家的葡萄酒。而法国葡萄酒还会更仔细区分各个地区的葡萄酒。

　　酒单上葡萄酒详细内容的顺序则为:葡萄酒名、年份、葡萄酒生产地区或是酿酒师名字、价格;有时也会有葡萄酒名与年份更换顺序的状况。如果酒单上是同一地区的葡萄酒,则会依"年份"或是"价格"排列。

　　范例图:

葡萄酒单范本

Champagne
:
White wine ──→葡萄酒的种类
:
Red wine
Bordeaux→生产者名
Les Hauts de Pointet　　1999　　(Pauilac)　　500元
　　葡萄酒名　　　　　年份　　生产者名　　价格
:

## 2. 侍酒师，推荐什么葡萄酒呢?

就算终于看懂了酒单，但还是有无法决定该喝什么葡萄酒的时候，这时只要请侍酒师协助就可以。喝烧酒的时候问老板："推荐什么烧酒呢？"听起来是相当奇怪。但如果是到葡萄酒酒吧点用葡萄酒，问："推荐什么葡萄酒呢？"一点儿也不会奇怪。葡萄酒的种类千万种，所以随着个人喜好选择不一样的葡萄酒是再正常不过的事。

再说，最了解葡萄酒的人就是侍酒师了，因此如果告知侍酒师自己个人的喜好，以及当天喝葡萄酒的理由，侍酒师就会推荐适当的葡萄酒，这也是一种相当聪明的方法。

但是，千万不可以对侍酒师说："为我介绍好的葡萄酒。"这是相当无礼的话。对侍酒师而言，最令人不知所措的问句就是没有个标准的疑惑，随口就问："哪一种是好葡萄酒呢？"至少也要告诉侍酒师自己的预算，或是喜欢甜的葡萄酒还是不甜的葡萄酒才行。

当然，偶尔也会遇到当时情况不方便告知侍酒师自己预算的时候（例如在求婚的日子，却发现自己口袋的钱只剩下三百块时，总不能在她的面前说"给我一杯三百元的葡萄酒"类似这样的话吧！），这时也可以拿着葡萄酒单，指着希望的价格给侍酒师看，跟他说："给我这样的酒。"就可以了。

如果是完全不了解葡萄酒口味的人，也可以告知侍酒师自己是葡萄酒初学者，请侍酒师推荐适合第一次喝的葡萄酒。侍酒师是葡萄酒专家，知道你是葡萄酒初学者的话，一定会询问你对于葡萄酒风味的喜

047

好，到时只要依侍酒师的问题回答，侍酒师就会推荐让你满意的葡萄酒。

## 3. 试饮一下

在葡萄酒酒吧中，一般会给予你所挑选的葡萄酒的试饮机会。但这不是指选到不喜欢的葡萄酒，就给予更换的机会；而是让顾客判断试饮的葡萄酒是不是自己所挑的葡萄酒，或是有没有什么不对的地方而已，这样的过程称为Host Tasting。

首先，侍酒师会将葡萄酒给餐桌主人过目，此时餐桌主人需确认酒标、酒名及年份，是不是自己所点的葡萄酒。经过这种确认的过程之后，侍酒师会拔出软木塞放在餐桌主人面前；这时还不能遗漏软木塞上面的信息，也需要确认软木塞上的葡萄酒名和年份，以及软木塞的状态是否正常。

经过这道程序之后，就是正式的试饮。侍酒师会在葡萄酒杯内倒入一点儿葡萄酒，餐桌主人则开始确认酒色和品闻酒香，并喝入一点儿葡萄酒，让葡萄酒在嘴里稍微停留一会儿，再入喉。

侍酒师服务的时候，不管是独自还是和其他人一起享用葡萄酒，拿着酒杯让侍酒师倒酒的动作并不符合礼仪，要将酒杯放在桌上葡萄酒的位置，让侍酒师倒酒，这样才是正确的。

对于点用的葡萄酒风味感到不舒服或是觉得味道奇怪时，可以请侍酒师试喝，确认该葡萄酒的味道。如果就连侍酒师也觉得有不对劲的地方，就会更换另一瓶葡萄酒。但是，这些动作相当严谨，并不是表示点用的葡萄酒只因为不合自己的口味，就可以要求侍酒师更换的意思。


## 4. 这样饮用最正确

当有机会很多人一同到葡萄酒酒吧的时候，大家随着喜好纷纷点用了许多不同的葡萄酒，这个时候该从哪种先喝起呢？方法相当简单。从口感较轻的喝到浓烈的葡萄酒，从不甜的喝到甜的葡萄酒，依照这样的顺序品尝即可。当然也可以只喝符合自己口味的葡萄酒，但是像这种可以喝到许多不同口味葡萄酒的绝佳机会，错过实在可惜!

采用这种顺序的理由也很简单，如果先品尝味道较浓烈的葡萄酒，舌头会先习惯浓烈的味道，这样一来就感受不到口感较轻的葡萄酒的特性。如果先品尝甜味的葡萄酒，再品尝不甜的葡萄酒，不甜的葡萄酒口味会更加强烈，一定无法感受到不甜的葡萄酒在喉咙中的清爽丰富感。因此为了感受到面前各种葡萄酒真正的风味，必须依照上述顺序饮用葡萄酒。

如果白葡萄酒和红葡萄酒一起品尝的话，可以先品尝白葡萄酒。如果先品尝红葡萄酒的话，会因为红葡萄酒的浓度残留在舌头上，而感受不到白葡萄酒的水果香。

## 5. 来趟葡萄酒的新航程

如果还是不晓得该如何挑选葡萄酒，也不知道自己想要喝什么样的葡萄酒，可以试试看先挑战"新大陆"。所谓的"新大陆"不是指哥伦布所发现的新大陆，而是指除了传统生产葡萄酒的国家，如法国、意大利等之外的其他国家。这些国家在葡萄酒世界中，正急速发展，如智利、美国、澳大利亚、阿根廷等国家。这些国家在酒标内容记载上，比旧大陆还易读明了，酒瓶内的葡萄酒内容都会清楚标示在酒标上。

对葡萄酒初学者而言，可以了解葡萄酒的捷径，除了常接触葡萄酒并找出属于自己的口味，享受接触它的趣味之外，最重要的就是在挑选葡萄酒时困难度不能太高。而且不只如此，因为新大陆的葡萄酒容易取得，价格上也比传统旧大陆的价格还要便宜许多，初学者可以尽情享用，没有负担。

新大陆的葡萄酒味道不会比旧大陆的逊色，反而容易挑选到品质不错的葡萄酒，常常享用葡萄酒的人，也会向葡萄酒初学者推荐新大陆的葡萄酒。

但是，如果你认为"葡萄酒，就是要喝法国的"，可以优先挑选波尔多或是勃艮第所生产的葡萄酒。即使是初次接触葡萄酒的人，也可以马上感受到波尔多葡萄酒以及勃艮第葡萄酒的差异；而且光是看这两个地区的酒瓶，也可以一眼认出两个地区的差异点。

同时试喝两个地区的葡萄酒，不仅可以享受到品尝的乐趣，且在一开始就了解到葡萄酒的味道是可以如此不同的话，对于它的兴趣也会增加。不一定要购买两瓶昂贵的酒，只要请侍酒师推荐适合自己的波尔

多和勃艮第葡萄酒就好，两种葡萄酒交替品尝，并且
讨论出两种葡萄酒的差异点，过不了多久就可以发现
自己同葡萄酒的距离越来越近了。

## ·补充重点一

### 简易的葡萄酒用语字典

（1）法国葡萄酒常用的用语

vin→葡萄酒

rouge→红色

blance→白色

sec→不甜、干

demi sec→半不甜、半干

brut→涩味

cru→具有独自的特色，在各种葡萄酒中具有高等级葡萄酒的概念。用语上意指葡萄味甜，也指特地划分的区域

Proprietaire→葡萄园持有者

Recolte→收割（年度）

grand vin→高等级葡萄酒

mis en bouteille au chteau,mis en bouteille au domaine→指的是特定酿酒厂中装瓶

（2）德国葡萄酒常用的用语

trocken→不甜、干

mild→有点甜味

halbalbtrocken→中等程度的不甜、干

suss→甜

liebich→甜味很高

rot→红色

weiss→白色

sekt→气泡葡萄酒

amtliche prufungsnummer→品质检验认证通过的号码（简称为AP）

（3）意大利葡萄酒常用的用语

bianco→白色

rosato→粉红色

rosso→红色

nero→黑色

secco→没有甜度

dolce→甜味很高

spumante→气泡葡萄酒

annata→葡萄收割年度

fattoria→葡萄农场

produttore→生产者

vino→葡萄酒

## 制作一本属于自己的葡萄酒试饮笔记本

对初学者而言，享用葡萄酒虽然是重要的事，但是还有比这个更重要的事，那就是制作一本属于自己的葡萄酒试饮笔记本。要将品尝过的葡萄酒全部记在脑海中是不可能的事情，所以记录下来可以辅助记忆。可以练习将自己喝过的葡萄酒写在笔记本上，将享用葡萄酒时的感觉写下或用相机将葡萄酒拍下，成为日后联结记忆的线索。依照自己的喜好准备笔记本，在上面记录该葡萄酒的年份、生产地、葡萄品种等基本事项，再写到喝该葡萄酒的感觉、香味，甚至一起品尝的食物风味等。描述香气时，也可以写成："像我小时候经过学校时，常常闻到的一种不知名的花香。"全依个人喜好。也可以把它写在博客上，配上简单的摄影，就成了另一种不同特色的葡萄酒试饮笔记本。

把这些记忆写成笔记，将品尝的葡萄酒和相关的事项详细记载的过程，就成为属于自己的葡萄酒史，并且清楚知道自己喜欢什么样的葡萄酒，一定要试试看。

## ·补充重点二

可以用品名来猜品种，大部分传统旧大陆的葡萄酒不会在酒标上标注葡萄品种，但是即使如此，也不能随便挑选葡萄酒，请参考下方的明细表。虽然不见得会完全一致，但是只要看到葡萄酒酒名、地区名和下表的单字一样的话，就很有可能知道所使用的葡萄品种。

‹意大利›

Barolo & Barbaresco→Nebbiolo

Chianti→Sangiovese

‹法国›

Beaujolais→Gamay

Bourgueil→Cabernet Franc

Bourgogne, white→Chardonnay

Bourgogne, red→Pinot Noir

Bordeaux, White→Sauvignon Blance & Semillon

Bordeaux, Red→Cabernet Sauvignon & Merlot

Chablis→Chardonnay

Champagne→pinot Noir & Chardonnay

Chinon→Cabernet Franc

Pouilly→Fium→Sauvignon Blance

Pouilly→Fuisse→Chardonnay

Quincy→Sauvignon Blanc

Rhne Valley, northern→Syrah

Rhne Valley, northern→Syrah + Grenache, Mourvèdre

Sancerre, White→Sauvignon Blance

Sancerre, Red→Pinot Noir

Savennires→Chenin Blanc

Vouvray→Chenin Blanc

*翻译见文后附录

# Part Ⅲ
# 来一杯葡萄酒故事

那些葡萄酒达人刚开始喝葡萄酒时，喝的是哪一种葡萄酒呢？在葡萄酒爱好者的记忆中，哪一瓶葡萄酒又是记忆最深刻的呢？本章节特别介绍葡萄酒达人所推荐的酒单以及小故事，当日后不知道要挑哪瓶葡萄酒时，就可以参考、派上用场了。依环境的状况、气氛等状态差别分类，只要记住这几个葡萄酒名，一定就没问题了。

## 葡萄酒渐进式学习
## Blue Nun White

金俊彻·首尔葡萄酒学院院长

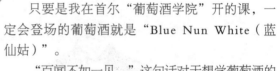

**Blue Nun White**
**生产地**：德国
**品种**：西万尼（Silvaner）、米勒－图高
**酒精浓度**：9.5%
**酒色**：清澈的淡黄色
**酒香**：新鲜水果香
**风味**：可以在夏季里消暑品尝的葡萄酒，清凉风味中的绝品
**搭配的食物**：直接饮用的感觉很好，可以搭配饼干或是白色的海鲜料理

只要是我在首尔"葡萄酒学院"开的课，一定会登场的葡萄酒就是"Blue Nun White（蓝仙姑）"。

"百闻不如一见。"这句话对于想学葡萄酒的人而言，最重要的就是直接品尝葡萄酒，感受它的风味了。因此，在上课的第一天我一定会准备要试饮的葡萄酒，而除了Blue Nun White之外，我想没有更适合的了。

会喜欢它有许多原因，首先是瓶子很漂亮，透亮的青绿色让人感觉十分清爽；接下来，酒标上所绘制的少女，也会让人印象深刻。但是，坚持要使用这瓶酒试饮的最大原因是：它是"德国白酒"。

相信许多人都会建议初入门者一开始先品尝白酒，因为对于不习惯葡萄酒涩味的入门者而言，如果先从红葡萄酒开始品尝的话，会产生对葡萄酒不好的印象，因此会建议初学者先品尝涩味较不重的白葡萄酒。

打个比方，学习葡萄酒的过程和开始吃韩国泡菜一样；对韩国人而言，最爱的就是大白菜泡菜，但是外国人一开始就可以立即习惯它的味道吗？当然没办法，甚至有可能会被大白菜泡菜的酸酸辣辣

的味道给吓到，从此就认为所有的
泡菜都一样酸。如果一开始先尝
试不辣的白泡菜或是萝卜泡菜，等
习惯这些味道之后，再尝试辣的泡菜，
最后就能开始享用大白菜泡菜。

　　葡萄酒也是一样的，刚开始一
定也绝对无法感受到高级葡萄酒真
正的风味，再加上又涩又酸的味道，会让
初学者不明白定价上千的葡萄酒价值何来。因
此，初学者应该要先从嘴巴较容易适应的味道开
始，所以白葡萄酒会比红葡萄酒更适合。

　　这其中，Blue Nun White的涩味较不重，可以
当作饮料一般轻松地饮用。接着，再以这瓶葡萄酒
为标准，慢慢尝试别的葡萄酒。"Blue Nun White
有点甜，这瓶比较不会，似乎比较适合我。"用这
种方式寻找出适合自己的口味。使用这样的经验反
复尝试，渐渐地，葡萄酒会更加接近自己，最后达
到熟悉的境界。

　　所有的事情都不会在第一次尝试的时候就获
得满意的成果，如果要开始学习葡萄酒，我想除了
Blue Nun White没有其他更好的选择了。第一次品
尝葡萄酒的话，建议先从这一瓶开始。

# 一起来感受黑皮诺的魅力
# Gevery-Chambertin 1er cru Lauvaux St. Jacques

姜志颖 · "Daum家族葡萄酒王国的人"版主

Gevery-Chambertin 1er cru
Lauvaux St. Jacques
**生产地**：法国
**品种**：黑皮诺
**酒精浓度**：13%
**酒色**：红宝石色
**酒香**：玫瑰花香和深色的黑皮诺结合的香气
**风味**：草莓类的果实香
**搭配的食物**：猪肉和鸽子料理

"黑皮诺？什么吗！不仅没有口感，而且酸度又特别高，哼！"这是我第一次喝到黑皮诺的反应，但是，我现在却想要推荐黑皮诺。因为在某次和一位勃艮第葡萄酒爱好者朋友一起品尝它之后，我就喜欢上了黑皮诺。

就如对人的第一印象非常重要一样，我对葡萄酒的态度也一样；而我喝黑皮诺的第一个感觉就是"不属于我的口味！"看着朋友一杯接一杯地享用，我还是无法忍受这个味道。但同时我也很了解，葡萄酒这东西，如果自己不主动去接近的话，它绝对不会自己靠过来。

对于我这种习惯喝用许多品种混合的葡萄酒的人而言，相当不习惯勃艮第地区这种含有草莓香、土地香和有点干枯树木香的葡萄酒。为了增加和它的亲近感，我去过几个批发商和独立酒庄试喝，努力地想要接近它。

"Gevery-Chambertin 1er cru Lauvaux St. Jacques（热夫雷-香贝丹一级葡萄园拉沃圣雅克园）"就是让我和黑皮诺之间，就如高铁般快速接近的牵线者，它让我重新体验勃艮第地区黑皮诺风味。

当我品尝这瓶葡萄酒的瞬间，我就明白勃艮第

地区的葡萄酒，为什么最近这几年这么引人注目，
以及为什么有那么多爱好者沉醉于黑皮诺的魅力；
渐渐地，我开始习惯了它的风味。葡萄酒如果慢慢
接近的话，很快就会了解它并爱上它；就如接近爱
人一样，黑皮诺葡萄酒和我的距离渐渐缩小了，我
也不自觉地沉浸在勃艮第葡萄酒当中。

## 投资葡萄酒的第一次
## Querciabella Chianti Classico

要价超过千元的葡萄酒，对于还不熟悉葡萄酒的初学者而言，确实是有点负担。但是我还是想推荐给初学者，是因为我觉得对葡萄酒的第一印象是很重要的事。

初学者喝到价格便宜，但品质却很低的葡萄酒，就会对葡萄酒形成错误的偏见，并且排斥。因此倒不如干脆投资自己对葡萄酒的第一次，选择一瓶好的酒，留下"葡萄酒的味道真好呀！"这样的印象。而且Querciabella Chianti Classico（嘉斯宝来庄园干红葡萄酒）

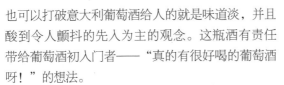

也可以打破意大利葡萄酒给人的就是味道淡，并且酸到令人颤抖的先入为主的观念。这瓶酒有责任带给葡萄酒初入门者——"真的有很好喝的葡萄酒呀！"的想法。

　　这瓶葡萄酒口感温和并且在适当酸味中，散发出优雅的香气，是香味强烈的葡萄酒，我想大力地推荐给所有葡萄酒的初学者。

Querciabella Chianti Classico

**生产地：** 意大利
**品种：** 桑娇维塞80%、梅洛5%、卡本内–苏维翁15%
**酒精浓度：** 13%
**酒色：** 透亮的红宝石色
**酒香：** 新鲜水果香，还有在巧克力中可以闻到的香甜味
**风味：** 会先感受到葡萄酒的酸味，接下来就是温和的口感，可以感受到每个阶段层次的不同风味
**搭配的食物：** 番茄酱汁的意大利面

# 超市红酒趣
# Casillero del Diablo

金秀莲·Cyworld葡萄酒和艺术生活俱乐部会员

Casillero del Diablo
**生产地**：智利
**品种**：卡本内–苏维翁100%
**酒色**：深紫红色
**酒香**：浓烈的樱桃、黑莓、紫桃香，以及在橡木桶中熟成当中，散发出的香草香气形成多层气的丰富香味；熟成的卡本内–苏维翁葡萄所特有的浓郁莓类香气相当明显
**风味**：温和单宁带来的完美质感，具有明显的水果香和辛香料的香味
**搭配的食物**：很适合搭配坚果类点心

自从爱上葡萄酒之后，也开始有了一个新习惯：每回到超市购物的时候，都会在购物车上放入一两瓶葡萄酒。这些一瓶一瓶累计存放下来的葡萄酒，成为我晚上睡不着或是空想时的好朋友。

喜欢在晚上喝一杯葡萄酒，享受到超市购买葡萄酒的乐趣。

到了超市，我一定要买的葡萄酒中，有一瓶叫作Casillero del Diablo（红魔鬼）的葡萄酒。这是位于智利迈波山谷（Maipo Valley）的一间著名的葡萄酒厂孔雀酒厂（Conchay Toro）生产的红葡萄酒，散发出诱人的樱桃和紫桃的香气，也隐隐传出烟熏香以及咖啡香，深沉的口感，有着完美的平衡，是款经典的高浓度葡萄酒。此种酒可以和很多种类的餐点或是芝士搭配，如果不想搭配餐点，也可以搭配简单的坚果类点心（土豆、杏仁）。无法入眠的深夜，或是只想一个人安安静静度过时，一定要让这瓶带给人轻松愉悦之感的葡萄酒伴随你。

当一个葡萄酒专家

**1.先尝食物味道，再享用葡萄酒**

　　侍酒师在为你挑酒之前，会先问你选择什么食物，才会为顾客挑选出适合搭配餐点的葡萄酒，借此提升餐点风味，让餐点更加美味。但是如果处在自己无法挑选葡萄酒的状况下，只要配合下面的公式，对挑选葡萄酒的工作，会有很大的帮助。

a.搭配颜色：最简单的方法是：白葡萄酒搭配海鲜料理，红葡萄酒搭配红色肉类料理。虽然两种酒类与食材也可以互相交换搭配，但如果对于挑选葡萄酒感到困难的话，就照这个最简单的方式即可。

b.观察浓度：口感浓郁的餐点搭配浓度高的葡萄酒；相反，如果是较清爽的餐点，就适合搭配浓度轻的酒种。如果决定吃牛排，稍微有一点儿浓度的会比浓度轻的葡萄酒适合。

c.直接搭配食物：有些葡萄酒的口感温和，就如天鹅绒一样；但也有的单宁重而感觉刺痒，或因为酸度而让舌头发麻的口味。比较丰富的餐点，例如鹅肝酱料理和烧烤类料理，适合搭配酸度和单宁高的餐点，葡萄酒的单宁和酸度可以让嘴内更加清爽干净，就算吃了很丰富的料理时，身体也不会感到负担。如果吃比较甜的料理，则可以搭配稍微柔和一点儿的葡萄酒。

**2.看看这个！成分的特性**

　　葡萄酒和料理的组合，除了各自固有的特性之外，相互搭配也会让风味更加提升。现在就来了解一下，饮食成分中有哪些特性。

a.盐会让单宁更明显：盐多的料理，需选择单宁成分少一点儿的葡萄酒。

b.胡椒喜欢酒精：在享用放入胡椒成分的餐点时，需避免酒精浓度高的葡萄酒，因为一不小心的话，可能会马上醉倒。

c.甜味和酸度的结合最棒：在享用像点心一般具有甜味的餐点时，需选择有点甜度和酸度的葡萄酒，万一葡萄酒的酸度弱的话，点心的口感则会比较腻。而如果葡萄酒的味道是相当涩的话，会无法感受到正享用的点心风味。

d.单宁爱蛋白质：如果点用牛排的话，很适合搭配单宁高的葡萄酒，单宁和牛排内的蛋白质结合，会让餐点更加美味。

# 初吻般的悸动
## Brunello di Montalcino Talenti
金敏情 · "Daum家族葡萄酒王国的人"会员

　　第一次接触到意大利葡萄酒是Talenti的
"Brunello di Montalcino（蒙达奇诺·布鲁奈罗红
葡萄酒）"，立即就让我体验到不可思议的感觉。
　　我在接触葡萄酒的过程中，几乎只喝法国的葡
萄酒，第一次品尝意大利的葡萄酒就是这一瓶。当
时，我在紧张及好奇之下试饮这瓶葡萄酒，倒下第
一杯的瞬间就散出想象不到的丰富香气，让我感到
相当惊奇。无法言喻，但那种清爽又具有强烈的水
果香刺激到嗅觉的瞬间，全身上下的神经充满了某
种期待和因为兴奋而紧张的情绪，感觉就好像初吻
之前的紧张和迷恋。

第一口停留在嘴里的感觉，像初吻时脑袋被迷昏的感觉！这样的形容似乎有点太夸张，但冲击嗅觉的强烈水果香和香草奶油酱的甜蜜香气，和碰触舌头的温柔感触……这不就是初吻的感觉吗？

"Brunello"就是"桑娇维塞"的意思。桑娇维塞的特性就是酸味丰富，长时间久放熟成的同时，会产生出优雅的风味。在这瓶酒之后，接触其他葡萄酒也会有惊叹的心情。但再也没有像Brunello di Montalcino Talenti一样，会热情地诱惑我，并且让我兴奋的葡萄酒了。

Brunello di Montalcino Talenti
**生产地**：意大利
**品种**：桑娇维塞100%
**酒精浓度**：13.5%
**酒色**：透出红石榴光泽的红宝石色
**酒香**：微辣的香味和成熟的樱桃香、紫罗兰花香等风味，就如一幅美丽的图画，构成美丽的调和
**风味**：辛辣同时兼备着温柔的口感，一种魅惑人心及性感的葡萄酒
**搭配的食物**：用香草料烤的鸡里脊料理和涂上酸奶油的烤马铃薯

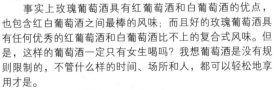

玫瑰葡萄酒，是女性专属吗？
　　事实上玫瑰葡萄酒具有红葡萄酒和白葡萄酒的优点，也包含红白葡萄酒之间最棒的风味；而且好的玫瑰葡萄酒具有任何优秀的红葡萄酒和白葡萄酒比不上的复合式风味。但是，这样的葡萄酒一定只有女生喝吗？我想葡萄酒是没有规则限制的，不管什么样的时间、场所和人，都可以轻松地享用才是。

# 看不懂酒单时，就这样挑选
## Jacob's Creek Shiraz Cabernet

赵惠珍·Gona意大利料理餐厅经理

　　侍酒师最常听到的一句话就是："请介绍好的葡萄酒给我。"但是听到的问句，通常都会让侍酒师不知所措。葡萄酒的种类非常多，风味也都不同；再加上即使是同一瓶葡萄酒，也会因为个人口味的不同，带来不同的感受。所以，只要求侍酒师推荐"好"的葡萄酒，是相当困难的一件事。

所以如果有人希望我推荐葡萄酒的话，我都会先简单地询问几个问题，再做推荐。首先，对方接触过什么样的葡萄酒，对葡萄酒的想法是什么……因为大部分的初学者都会误以为葡萄酒的味道都是甜的，所以需要特别询问这个问题。如果是已经喝过葡萄酒的人，就会进一步了解对方当时喝葡萄酒的感觉，这样就可以判断要介绍什么风味的葡萄酒给对方。

依照累积的经验来看，葡萄酒入门者较倾向不涩、味道浓并带有甜味的酒，虽然有不少葡萄酒都具备这些条件，但最容易让人接受的我认为是Jacob's Creek Shiraz Cabernet（杰卡斯西拉·赤霞珠干红葡萄酒）。

这瓶葡萄酒的颜色相当漂亮，香味也很丰富，看到的人都会产生兴趣；而且也包含大家所期待的浓郁的风味，最后感受到的香甜，对初入门者而言也会是最对味的。入门者享用Jacob's Creek Shiraz Cabernet时，大多反应也都不错。

不了解葡萄酒的人，到了葡萄酒酒吧也不知道该点什么酒，再加上对于侍酒师的推荐感到模糊的时候，不妨也试试看Jacob's Creek Shiraz Cabernet，我想，应该是不会失败的。

Jacob's Creek Shiraz Cabernet

**生产地**：澳大利亚
**品种**：西拉、卡本内
**酒精浓度**：13%
**酒色**：透点紫光的鲜红色
**酒香**：浓郁的蜜桃香和莓子果香，可以感受到西拉特有的巧克力和橡木桶等丰富香味
**风味**：充满着满满的樱桃及莓子果香，蜜桃的香味和巧克力及单宁的风味融合，掌握住中等浓度葡萄酒的温和均衡感
**搭配的食物**：所有的芝士和欧式香肠

打开软木塞的时候，要旋转几圈？

切记：打开软木塞的时候，开瓶器不要旋转太多次！诀窍是先旋转两圈后开启。如果旋转太多圈的话，会使得葡萄酒内的软木塞碎片掉入葡萄酒内，必须格外注意。

# 有性格的葡萄酒
## Cotes gu Rhône Roue E. Guigal
韩相敦·NOAS NOVA葡萄酒酒吧老板

2000年开始喝葡萄酒时，我曾有个苦恼：我的月薪有限，但想要品尝好葡萄酒的欲望却相当高。虽然当时是在饭店工作，可以在试饮会这种活动中接触许多的葡萄酒，但是却无法真正享受寻找好葡萄酒的乐趣。

在这种烦恼之下，刚巧就碰到了法国罗讷河地区的Cotes gu Rhône Roue E. Guigal（吉佳乐世家罗讷河谷产区干红葡萄酒）。虽然价钱不高，但却是具有相当品质的葡萄酒；与它的价格相比，真是物超所值。

现在，如果有后辈到我们酒吧的话，我都会建议点用这瓶葡萄酒。因为不仅在价格上没有负担，最重要的是，这么好的葡萄酒应该同大家分享才是。我也期望因为这瓶酒，能够搭起葡萄酒初学者认识葡萄酒的契机，并对罗讷河地区产

生兴趣。

　　罗讷河地区的葡萄酒特色就是将各式葡萄品种混合，非常具有个性，就像是一个力气大但个性却相当温和的人一样。到现在我还是一样喜欢这瓶葡萄酒，也不断地推荐给刚开始喝葡萄酒的人品尝。

Cotes gu Rhône Roue E. Guigal

**生产地：**法国
**品种：**歌海娜（Grenache）、慕合怀特（mourvedre）、西拉
**酒色：**明亮红石榴色
**酒香：**就如同水果还在树上生长的新鲜香味，香味强烈
**风味：**高浓度的优雅风味，顺口的单宁和温和口感之间的调和，留在口中的余韵可以感受到这瓶葡萄酒水果和单宁之间完美的平衡与优雅感
**搭配的食物：**利用辛香料烹煮的辣味餐点，或是加上调味料炒出的海鲜料理

# 品尝准则：一小时后饮用
# Gran Sangre de Toro

蔡静淑 · Sindong葡萄酒酒吧清潭洞

Gran Sangre de Toro
**生产地：**西班牙
**品种：**加尔纳恰（Camacha）、佳丽酿（Carinena）
**酒精浓度：**14%
**酒色：**透出黄土色亮光的红宝石色
**酒香：**辛香料的香味和黑莓的香味混合出的香气
**风味：**喝下的瞬间就如蚕丝和天鹅绒般柔软，质地滑顺，并且带有黑莓的甜蜜风味
**搭配的食物：**烤牛肉等各种西班牙肉类料理

在葡萄酒之中，有些是必须预先打开让葡萄酒呼吸空气醒酒的种类；也有如果先打开，反而会使葡萄酒快速变质，味道变奇怪的酒。Gran Sangre de Toro（桃乐丝特选公牛血干红葡萄酒）就属于前者。到葡萄酒专营店时，品尝了刚开启和过了一个小时才品尝的Gran Sangre de Toro，风味已经是截然不同了；同时它也是时间过得越久，味道就会变得更好的酒。在店里以熟客为对象所举办的试饮时，也得到了相同的反响。用这么便宜的价格，可以碰到这么好的西班牙葡萄酒的机会并不多，所以大家

反响都非常好。

　　某天，一位客人请我介绍葡萄酒，他是要送给一位初次喝葡萄酒的朋友；听到对方是不会喝葡萄酒的人之后，我介绍的就是Gran Sangre de Toro。

　　几天后，这位客人再次回到我的店中，表示收到礼物的朋友相当喜欢这瓶葡萄酒。这瓶葡萄酒并不甜，风味却出乎意料的美味，有点觉得不可思议，因此这位客人是特地来购买一瓶回去享用。

　　这瓶葡萄酒还有另一个特别的地方，很多购买的人，都是经由他人介绍而选择的。我想那是因为，这是一瓶连不了解葡萄酒和不喜欢葡萄酒的人都会很喜欢的酒，所以大家才会互相分享自己的感想，并且推荐给友人。如果是对西班牙葡萄酒感到好奇的初学者，这瓶葡萄酒也会相当适合，我强烈推荐它。

**每个地方最好的葡萄品种是什么？**
**阿根廷：**马尔贝克（红酒）/特浓情（Torrones）（白酒）
**澳大利亚：**西拉（红酒）
**奥地利：**雷司令（白酒）
**德国：**雷司令（白酒）
**加州：**卡本内–苏维翁、仙粉黛（红酒）/霞多丽（白酒）
**智利：**卡门内里（红酒）/白苏维翁（白酒）
**西班牙：**加尔纳恰（Garnacha）、丹魄（红酒）
**法国：**卡本内–苏维翁、梅洛、黑皮诺、西拉（红酒）/霞多丽（白酒）
**意大利：**巴贝拉、多姿桃（Dolcetto）、内比奥罗、桑娇维塞（红酒）/灰皮诺（Pinot Grigio）（白酒）
**新西兰：**黑皮诺（红酒）/白苏维翁（白酒）
**南非：**皮诺塔吉（Pinotage）（红酒）/白苏维翁（白酒）

# 掀开澳大利亚西拉的神秘面纱
## Tintara

李云珠 · 19街葡萄酒酒吧经理

在我比较熟识的人中，几乎都是啤酒的狂爱者，这种啤酒的味道如何、那种啤酒入嘴的感觉有多好、招牌啤酒的魅力是什么……只要一聚会，就一定会边喝啤酒边讨论关于它的事。

所以当我所投资的酒吧"19街"开幕时，我也同样以为啤酒是最棒的酒，但是我的酒吧不可能只提供啤酒呀。当时我觉得有了解葡萄酒文化的必要，因此特地到葡萄酒学院上课，慢慢开始接触葡萄酒，渐渐也终于了解葡萄酒让人着迷的原因了，其中影响我最多的就是Tintara（婷塔娜）。

故事是这样发生的，某一天这些朋友到我的酒吧聚会，想当然他们一定是点了啤酒，但这次我却建议他们喝喝看葡萄酒。因为我想将我所感受到的葡萄酒魅力和他们分享。听到我的提议，大家意见有点分歧，有人认为"还是啤酒最棒"，也有人觉得"就来试一次看看吧"。最后后者赢了，我将早就准备好的Tintara拿到他们面前。

对于葡萄酒的第一次经验最重要，所以我更背负着他们葡萄酒初体验的责任。打开葡萄酒倒入第一杯时，我紧盯着他们，心里相当紧张。"我会不会太勉强他们点葡萄酒了……"疑惑的心情一直紧绷着我的神经。终于，答案揭晓了，他们对于这样的体验都感到喜欢，也纷纷发表各种不同的感想，非常开心。"我从不知道葡萄酒是那么美味！""丰富的水果香味，同时感受到甜蜜的味道和微酸的口感！"……大家对于第一次就碰到这种口味丰富的葡萄酒，都觉得相当特别。在这之后，我们见面都会开始品尝葡萄酒了，而到我的酒吧的葡萄酒初入门者，我也都会介绍他们品尝这一瓶葡萄酒。

Tintara

**生产地**：澳大利亚
**品种**：西拉100%
**酒精浓度**：14%
**酒香**：除了胡椒、樱桃、黑醋栗、黑莓等丰富的口味外，也散发出坚果类烘烤的香气，独具魅力
**风味**：浓郁、快速占满口中的风味，微涩的口感，同时又可感受到深厚余韵，也不会很干涩，适合初学者品尝
**搭配的食物**：适合搭配牛排或是烤肉等肉类食物；炖煮或是重口味的餐点也相当适合；和韩式料理搭配也会很完美

# 蜂蜜中存留着玫瑰香
# Innisfree Cabernet Sauvignon, Joseph Phelps Vineyard

李斗宪·作曲家兼制作人

最近在钟爱葡萄酒的人之间有个新话题，就是《神之水滴》这本漫画书。这部漫画内容类似《超级寿司王》，不过是以"葡萄酒"为主题，所以在这些爱好者中非常受欢迎。

这本书中，主角品尝葡萄酒后，对于葡萄酒的风味和香气，使用了非常丰富的词汇表达，让很多人佩服这些味道的表达方式。但是当我看到这本漫画书时，却觉得很委屈。因为主角所使用的那些相当细致、感性的表达，还有将葡萄酒风味充分说明的那些词句，都是我自己爱用的句子。

因为自己感受力比较丰富的关系，在两年前撰写葡萄酒杂志的专栏时，就大多是以我自己的实际感受表达，并非乏味的葡萄酒评价，而是改用了音乐、自然环境、魅惑人心等婉转的方式表达葡萄酒的风味，所以观看这部漫画时，多少觉得自己原创的方式被拿去使用了。

而这种委屈的感觉，似乎也不是只有我有而已。有一天和熟识的人一起品尝了新大陆的葡萄酒Innisfree Cabernet Sauvignon（约瑟夫·菲尔普斯酒庄茵尼斯菲赤霞珠干红葡萄酒）时，这些朋友这样表达："这味道好像可以用'蜂蜜中留存着玫瑰香'来形容。"马上就有人开玩笑地说："《神之水滴》内也有这样的表达，这句话也是斗宪先用过了吗？我想，《神之水滴》作者或许有去参考你的作品或是做了些调查了吧！呵呵！"

但是，这样委屈的情绪很快就过去了，因为后来我体会到，像《神之水滴》这样的书，其实也具有将葡萄酒初学者带入葡萄酒世界的重要责任；而且像蜂蜜般丰富甜美、结构扎实，还有充满缤纷的花香的Innisfree Cabernet Sauvignon，的确是相当适合初入门者品尝的酒。

如果自己对葡萄酒的热爱和感情，可以经由其他方式让葡萄酒初学者充分了解的话，那其实也是一件非常棒的事。

Innisfree Cabernet Sauvignon

**生产地**：美国
**品种**：卡本内–苏维翁
**酒精浓度**：13.8%
**酒色**：深紫红色
**酒香**：数种水果香味冲上鼻端，让人联想到美丽的花香
**风味**：喝入第一口的瞬间，葡萄酒占据整个嘴里，剧烈地刺激着舌头，香味温和、风味强劲，是绝佳品种
**搭配的食物**：牛排、意大利面和亚洲料理

# 一见钟情的情人
## Fiano di Avellino
郑辉雄·Naver葡萄酒咖啡馆俱乐部会员

电影里面常常看到男女一见钟情的情节，这在现实生活中偶尔也会发生，但在葡萄酒世界中，更是常有的事；也就是说，很多人在第一次品尝到葡萄酒后，就爱上了它。而我也有第一次品尝就爱上的葡萄酒，那就是Fiano di Avellino（阿维利诺的菲亚诺白葡萄酒，完整名字为：Fiano di Avellino di San Gregorio），原文名字很长，常常会让我困扰这到底是一个还是两个的酒名。

某一天，我参加了一个需要各自携带一瓶葡萄酒的聚餐，当时其中一个人就是带的这瓶意大利葡萄酒。我第一个被它的酒标吸引住了，像邮票大小的小酒标，黑色的瓶子，还有酒标内写着满满芝麻大小的字体，让我对它的风味感到好奇，就连它那很难背的酒名也是。

喝下第一口时，先是感觉冰凉与满满的凤梨香味，其他人一定也有相同的感觉，到处都充满了赞叹这瓶葡萄酒的声音；虽然当时已经过了晚上十点，但所有人都还是争相打电话给熟识的葡萄酒店老板，抢着订购这一瓶酒。

意大利的葡萄酒生产量中有40%以上是白葡萄酒，因此白葡萄酒的品质相当优秀；再者葡萄酒的本质本来就是要搭配食物，所以大部分的葡萄酒浓度都较低，如果品尝过北部的Gavi（加维）、Soave（索阿维）和中部的Orvieto Vernaccia di San Giminano（奥尔维耶托维奈西卡干白）等葡萄酒的话，就可以理解。

但是品尝到南部的白葡萄酒，却又不同了。这个区域生产的葡萄酒具有力量，有炎热的太阳的热情，例如西西里岛产的格里洛（Grillo）品种所制作的葡萄酒就可以传达出这样的感觉，这个葡萄酒也等同于南部风味的最佳代表。意大利南部的坎帕尼亚（Campania）地区是在有维苏威（Vesuvio）火山的庞贝（Pompei）东边，这里因为有火山土，只要配水顺畅，葡萄树便会健康地生长；也因为栽培的地区在海拔五百米以上，再加上太阳炎热，所以葡萄酒的风味相当扎实，并且凝聚了南部的热情风味。

这种优秀的品质也在2004年的DOC中升格为DOCG的等级，酸度、糖度、香味等，每一处都相当优秀。这瓶葡萄酒已经征服了我的嘴和脑袋，甚至整个人，我已经爱上它了！这也是我认为这瓶葡萄酒最棒的原因！

*Fiano di Avellino*
**生产地**：意大利
**品 种**：菲亚诺 阿维利诺（Fiano di Avellino）
**酒色**：淡黄稻草色
**酒香**：水果的香味，感觉优雅，越是熟成，越发展成蜂蜜和树木等复杂香味
**搭配的食物**：意大利火腿和香瓜搭配吃的点心，以及放上番茄的意大利面包

# 给讨厌白酒的人
# Kenwood Sauvignon Blanc Sonoma County

金延玄 · Wine House 岘店经理

Kenwood Sauvignon Blanc
Sonoma County
**生产地：**美国
**品种：**白苏维翁93%、霞
多丽6%、赛美蓉1%
**酒精浓度：**13.8%
**酒色：**清透金黄色
**酒香：**新鲜畅快的草地香以
及热带水果香
**风味：**热带水果的活力传入
嘴中，是很舒爽的葡萄酒；
嘴内会微微刺激出肉桂清香
的味道，有着均衡的风味
**搭配的食物：**蟹肉、氽烫的
海鲜料理

　　如果要给葡萄酒初学者建议的话，我会推荐先从白葡萄酒开始品尝，这会更容易进入葡萄酒的世界。虽然我自己第一次试喝白葡萄酒的时候，其实印象不是很好。

　　大学时期，因为朋友在酒公司上班，因而有了试饮的机会，当时，他准备了几种红葡萄酒和一种白葡萄酒给我品尝。因为之前曾经听过刚开始喝葡萄酒的人，最好先从白葡萄酒开始的说法，所以我也优先品尝了白葡萄酒。但是，怎么是又酸又苦的味道？甚至我还有"这种东西怎么喝呀！"的想法产生。以上就是我对白葡萄酒的第一印象，之后几年也都完全不曾再品尝它。就算周围有人跟我说哪一瓶葡萄酒好喝或是有名的白葡萄酒，我也认为它一定又酸又苦。

　　直到有一天，我有机会参加了一个进口业者的试饮会，会场当然也包含了白葡萄酒。我想没有任何一位葡萄酒专家在试饮会上，每种葡萄酒都试饮了，但唯独白葡萄酒不试饮的道理。因此，我决定鼓起勇气再度试喝白葡萄酒，当时在我手上的就是Kenwood Sauvignon Blanc Sonoma County（金舞索诺玛系列长相思干白葡萄酒）。

　　品尝前，先慢慢地晃动杯子，观看外观，溢出的熟透青苹果香味让我鼓起了勇气，"先品尝一小口就好"。但是这和我预期的白葡萄酒味道完全不同。最先传上味觉的是"甜味"，后端则有一点点酸味，可以引起食欲；当时搭配的食物是蟹肉，让我觉得一切都相当美味，也间接消除了我对白葡萄酒的偏见。现在，就算是法国的干白葡萄酒，我也都相当喜欢。

　　对于葡萄酒品尝经验不多的人，如果可以首先品尝这种好喝的葡萄酒，日后对于再度品尝其他种类的葡萄酒就都不会感到困难。我也希望不会再有初学者和我一样有不好的体验，所以更是特别推荐这一瓶。

# 感受到葡萄酒美味的首选
## Château Cos d' Estournel
周威岚·Naver葡萄酒咖啡馆俱乐部会员

碰上这瓶葡萄酒时，恰巧就是我爱上葡萄酒的时候。在这之前，虽然我已经喝过很多的葡萄酒了，但还是不了解喜欢葡萄酒的人嘴中所表达的"Aroma"和"Bouquet"是什么。Aroma指的是葡萄果香，在年轻的酒中较为明显；Bouquet则是指经过瓶中陈年所发展出来的成熟酒的芳香，是酒的综合香味的意思。

直到有一天，一位和我很熟的葡萄酒店老板告诉我，有个波尔多特级葡萄酒的试饮会在外地举办；即使距离遥远，但我仍毫不犹豫地缴上巨额的费用申请参加这个活动。活动当天，我立即就被迎接我们的葡萄酒给吸引住，兴奋无比地度过了活动的幸福时刻，情绪一直持续到了准备要打开最后一瓶葡萄酒的时间，活动的主角终于亮相——Château Cos d' Estournel（爱士图尔庄园红葡萄酒）。

酒透出强烈的红宝石亮度，刺激了我的视觉，诱惑了我的心。我小心翼翼地喝了一口外表极为吸引人的红葡萄酒，入喉的那一瞬间，以往喝葡萄酒时都没有办法感受到的那种香氛以及果香围绕喉咙的感觉都涌了上来，我突然愣住了。散发在鼻间的是经过强烈阳光暴晒干燥的太阳草香味，"啊，就是这个感觉，这就是Bouquet呀……" 终于第一次感觉到了葡萄酒真正的香气。这个香气充满了我的鼻子，一直在鼻子内满溢着。即使过了3个小时，还是可以感受到香味的变化。当时的冲击和记忆到现在我都无法忘记，Château Cos d' Estournel给我的惊叹，现在还像是昨日事一样印象深刻。

在那之后，虽然也喝到了许多不错的葡萄酒，但都还没有碰到像Château Cos d' Estournel给我强烈印象的葡萄酒。也许，以后永远都碰不到了吧！

Château Cos d' Estournel
**生产地**：法国
**品种**：梅洛40％、卡本内－弗朗60％
**酒精浓度**：13％
**酒色**：接近黑色的红宝石色
**酒香**：充满辛辣味的香气
**风味**：Body厚重，但可以感受到单宁带来的温和感以及各种莓类的风味
**搭配的食物**：调味料不多的牛排和盐烤类，几种芝士搭配的法式小点也不错

## 装点甜蜜的家庭日，甜蜜的Villa M

金秀燕·Cyworld葡萄酒与艺术生活俱乐部会员

几年前的父母节（韩国特有的节日，在五月第二周），决定和姐姐约好一起请父母到高级的餐厅用餐。哪里适合呢？有没有那种同时可以用餐，也能开Party（聚会）的地方呢？到网络上寻找后，决定到一间可以尽情享用壳类海鲜和鲑鱼、寿司以及新鲜沙拉的海鲜餐厅。

很久没有跟家人一起这么舒服地用餐了，开心地吃晚饭、聊天，有种幸福的感觉涌上心头。这种时候，如果可以喝杯葡萄酒的话，我想气氛一定会更美好，于是赶紧请服务生介绍可以搭配过节气氛又适合父母喝的葡萄酒。

没过多久，服务生带来一瓶和平时所看到的不一样的葡萄酒，几近透明的瓶子，酒标上的字样也不像平常看到的字体。亲切的服务生特别介绍了这瓶葡萄酒，这是由意大利洛林所生产的甜白葡萄酒，酒名叫作"Villa M"，又称为"Villa Moscato（维拉莫斯卡托）"，非常适合搭配海鲜料理，即使是第一次喝葡萄酒的人，也能接受这瓶酒的风味。

欣赏着葡萄酒缓缓上升的气泡，清爽的口感，冲上鼻端的是新鲜水果清香，独特的香甜软化了感

觉神经，真是无法让人拒绝的魅力。我想这瓶葡萄酒确实是很适合这天的气氛。特地观察父母的反应，发现不了解葡萄酒的他们，也很愉快地享用着酒的美味。这瓶葡萄酒和父母以前最爱喝的香槟味道类似，父母饮用时的幸福表情，到现在我还没有忘记。

之后看到"Villa M"，我都会想到和父母用晚餐那天的情境。欢乐气氛的家族聚会，添加了幸福感的葡萄酒。从此之后，每当想要和亲友一同装点幸福气氛的聚会时，特别是和父母一同用晚餐的时候，绝对都少不了这瓶"Villa M"。

Villa M
**生产地**：意大利
**品种**：麝香
**酒精浓度**：13%
**酒色**：稻草色
**酒香**：新鲜水果香气
**风味**：水果风味和气泡葡萄酒的清凉感，还有甜蜜口感的第一品
**搭配的食物**：搭配熟食海鲜料理、简单的茶果、蛋糕类、点心类等

# 缓缓升起的气泡，就像是加油声一样
## Henkell Trocken

徐绍贤·葡萄酒世界学院讲师

　　家里有个习惯，会相约一起观赏足球比赛。2006年的德国世界杯，照惯例一家人又聚在电视前面看转播，但却觉得少了些什么，希望可以制造些和以往不同的观赛经验。要用什么方法呢？我突然灵光乍现，想到一个好主意："既然主办国是德国，那不如来喝瓶德国葡萄酒。"在4年前的世界杯时，大家光喝德国啤酒就很开心；过了4年的现在，应该稍微提升层次才是，但又同时可以让家人全部一起享用的东西是什么呢？在思考这点的同时，脑海浮现了这个特别的点子。因此我开始搜集德国葡萄酒的信息，还特地到葡萄酒专卖店找过几次，到了决战的那一天，我选择的葡萄酒是 "Henkell Trocken（汉凯·特罗肯起泡葡萄酒）"。

虽然不是香槟，但拥有气泡缓缓上升的气泡葡萄酒的特征，非常适合庆祝活动时饮用；强大的活力和清爽味道，也非常适合观赏足球比赛时的兴奋心情。再加上看似高级的外观，价格却低廉得让人不会感到负担（家人都是喜欢喝葡萄酒的人，尤其是价位低廉的，因为更容易取得）。当然，在为选手加油时也要注意不能摔破酒杯，因此还特地准备了野餐时专用的塑胶葡萄酒杯，这下万事俱全了。

我到现在还没有忘记当天的情形。令人屏息的逆转战，对于足球的热情和清凉的Henkell Trocken之间的调和，让我们度过了非常美好的一天，之后我们约定好只要观赏足球比赛，就要一起喝Henkell Trocken。

Henkell Trocken

**生产地**：德国
**品种**：用许多品种混合
**酒精度数**：11.5%
**酒色**：可以清楚看到气泡上升的浅黄色
**酒香**：足够熟成的香味和葡萄的香味融合
**风味**：清凉又带点Dry的口感
**搭配的食物**：蛤蜊等海产类及点心类食物

只有低价的葡萄酒才用瓶盖吗？

瓶盖可以维持葡萄酒的味道以及延长葡萄酒的保存时间，而且不用担心葡萄酒因为软木塞隐藏的TCA（三羧酸循环）微生物的影响而变质。但是为何大部分的葡萄酒还是使用软木塞呢？那是因为世界上有名并且权威的葡萄酒生产者都还是坚持使用软木塞。但现在使用瓶盖已渐渐成为全世界的新兴的风潮，也有高达2400元的葡萄酒使用瓶盖，所以必须要丢弃只有低价葡萄酒才用瓶盖的偏见。

# 粉红色魅力
# White Zinfandel Beringer

李圣亨·Cyworld享受葡萄酒俱乐部会员 wineenjoy.cyworld.com

**White Zinfandel Beringer**
**生产地：**美国加州
**品种：**仙粉黛100%
**酒精度数：**9.6%
**酒色：**吸引人们视线的漂亮粉红色
**酒香：**熟透的草莓、黑樱桃、水梨的香味，结合出多层次的香气
**风味：**完美结合清爽的甜味和香甜，是刚接触葡萄酒的人都很能接受的口感
**搭配的食物：**带辣味的中国菜、墨西哥菜、烤肉、泡菜、熟透的水果

很久以前，我曾经在酒吧担任过调酒员，每天都遇到许多客人，发生很多故事。某天，有两位女客人进入酒吧，她们表示刚吃过晚餐，想简单地喝点葡萄酒；因为不是很了解葡萄酒，所以请我介绍好喝的给她们。我思索着要介绍什么酒，要适合对葡萄酒了解不多的女性，而且不是很会喝酒的人。突然间，有个灵感蹦出我的脑海，我推荐了"White Zinfandel Beringer（贝灵哲庄园白仙粉黛桃红葡萄酒）"。

因为酒名上有White这个词，所以很容易让人误以为它是白葡萄酒，然而事实上它是个散发漂亮粉红色亮泽的玫瑰葡萄酒。她们一看到这瓶葡萄酒第一个反应就是："颜色好漂亮！""好喜欢它的香甜味！"各种的赞叹词从她们嘴里不断吐出。

一边饮用、一边聊天的两位女孩，不知不觉就把整瓶葡萄酒喝完，然后再次呼叫了我。我走向她们，满脑子想着"这次要介绍什么酒呢？"但听到的却是，再给她们一瓶相同的葡萄酒。没过多久，又再次向我点了一瓶White Zinfandel Beringer。一瓶大概可以两三个人享用的葡萄酒，怎么两个女生却可以点到三瓶。"没关系吗？"我心里有点担心。

这两位女孩也邀请我喝一杯。这是调酒员常碰到的事，于是我很开心地品尝了那杯葡萄酒，甜蜜的味道，酒滑到喉咙的感觉相当好。就这样我和她们一边品尝葡萄酒，一边天南地北地聊天，天色也不知不觉深了，到了必须起身回家的时间了，一看账单：
"White Zinfandel Beringer5瓶！！"虽然我也喝了几杯，但是光她们两个人至少也喝了快5瓶，不，在中间我又开了两瓶当作礼物送她们，所以实际上是喝了7瓶。虽然账单有点吓人，但是她们两个人还是开朗地微笑着结账，很开心地离开酒吧。

经过这次的经验之后，每回我都会推荐这瓶香甜滑顺的葡萄酒给葡萄酒初学者，不会再有"因为是女生，所以才推荐这瓶酒"这样的考量。但到现在我还是很好奇："她们两个人，第二天没事吧？"

甜就不好吗？

这个答案绝对否定！在全世界的高级葡萄酒中，以甜葡萄酒类为主的品牌相当多，所以请抛弃"不甜的葡萄酒才是高级"的偏见。甜味的葡萄酒在享用刺激性的食物时，可以让食物的美味更加提升，也相当适合搭配韩国料理。甜味较高的葡萄酒和点心的甜都相当搭衬，因此常被作为点心葡萄酒（Dessert wine）。

# 一场海边的浪漫约会
## Moscato d'Asti Prunotto Antinori
金锡秀·Mr-Kang意大利料理厨房理事

我特别想要推荐Moscato d'Asti给认为葡萄酒很甜的人。这瓶葡萄酒很多酿酒厂都有制作，所以很容易在市面上看到，不过当然每间酿酒厂所制造的味道都会有点不一样，而且这瓶葡萄酒是大部分喜欢甜葡萄酒的女性都很喜欢的葡萄酒。其中，我特别喜欢Antinori酿酒厂所制作的Moscato d' Asti。

为什么呢？这就要说起我去罗马旅行的事情了。当时因为机缘，我到罗马的海边去玩，看到秀丽的海岸，心情很好，想着这时如果有一瓶葡萄酒，就更好了！当时我所饮用的葡萄酒，就是Moscato d'Asti Prunotto Antinori（普鲁诺托莫斯卡托起泡酒）。

在海边一边观看辽阔的大海，一边享用葡萄酒，那种心情是无法想象的美好，就连酒的风味好像也和平常不一样。口感上是很自然的蜂蜜甜度，而不是人工甜味的口感，相当顺口。我想如果心情不好的话，喝这瓶葡萄酒心情应该会变好吧！所以如果有想要和女友一起约会的男生要我推荐葡萄酒的话，我一定会推荐这瓶葡萄酒。

这个冬天，我计划和太太一起到海边旅游，也一定不会忘了要准备这瓶葡萄酒。虽然不知道还能不能感受到在罗马时的感觉，但这次有太太在身边，应该会更加甜蜜。

Moscato d'Asti

**生产地**：意大利
**品种**：莫斯卡托（Canelli Moscado white）100%
**酒精浓度**：5.5%
**酒色**：淡黄色
**酒香**：丰富的洋槐蜂蜜的香味
**风味**：新鲜清爽，没有砂糖的甜味，而是蜂蜜般的香甜
**搭配的食物**：鲑鱼料理和蔬菜一起烧烤的菜，也可以搭配简单的料理

## 求婚大作战
## Billecart-Salmon Brut Reserve NV

金光维 · Best Wine葡萄酒网站负责人

结婚前，和女友约好要一起去会见她的父亲，也就是我未来的岳父；这时我才突然意识到，自己还没有正式和女友求过婚！求婚是一生只有一次，而且具有相当重要的意义，怎么样都不想马虎。该如何求婚比较好呢？苦恼许久，最后我决定在气氛

好的餐厅内进行，两人一边喝香槟一边聊天的情境应该很适合。不过女友几乎没有接触过葡萄酒，根本就不熟悉葡萄酒的风味，因此，挑选她会喜欢的香槟，而且还需要与食物可以搭配更是一个困难的课题。总不能让女友开心地接受求婚的同时，却让她觉得香槟不好喝吧。

对于我这种香槟爱好者而言，并不想选择像香槟王和库克香槟（Krug）这种高价格并且一定很好

喝的名香槟，而是想挑选一瓶可以让她永生难忘的香槟，研究许久之后，我最后决定选用Billecart-Salmon Brut Reserve NV（沙龙帝皇珍藏香槟，简称Billecart-Salmon NV）。我计划喝着这瓶香槟时，和女友求婚。

我无法忘记那天女友的表情，满怀幸福，她开心地笑着答应了我的求婚，并赞叹香槟好喝。"成功了！"一个月后，我们就举办了婚礼。

太太周围的朋友羡慕她有个懂葡萄酒的老公，可以学到很多葡萄酒的知识，不过她本人倒是对葡萄酒没有很大的关心；但是，当时接受求婚时所喝的香槟名称，她却一直深深记在脑海中；Billecart-Salmon Brut Reserve NV是非常难记的名字，但太太却记住了，对我们来说，那是幸福的象征。

Billecart-Salmon Brut Reserve NV

**生产地：**法国
**品种：**黑皮诺35%、莫尼耶皮诺30%、霞多丽36%
**酒精浓度：**12%
**酒色：**淡黄色
**酒香：**像是成熟水果正在呼吸，以及鲜花的香味一起结合的香味
**风味：**可以感受到新鲜的香味造就出多层次的风味及浓郁的葡萄香味
**搭配的食物：**熏鲑鱼冷菜、草莓、石榴、鱼子酱、牛肉片

## 营造梦幻的气氛
# Château Maris Cru Minervois La Liviniere
韩龙·Naver葡萄酒生活俱乐部会员

太太的一位老朋友住在加州，不久前告诉我们她交了男朋友，言语上表达出对男友的骄傲，也即将带着男朋友J回韩国。对于要招待他们到家里用餐，我们也经过了一番苦思，因为J是葡萄酒高手，所以要加倍用心准备，才不会让朋友丢脸。

J在好莱坞当地有名的公司上班，是一个做电脑绘图相关工作的德国人，也常有机会到韩国，因此相当习惯韩国的菜。听到朋友大概介绍自己的男朋友后，我们决定用代表韩国饮食的宫廷猪肉炖排骨和宫廷年糕当作晚餐。接下来，就只剩下选葡萄酒的问题了。

思考一番后，我们刻意选择了J可能没喝过、风味较独特的葡萄酒Château Maris Cru Minervois La Liviniere（玛丽庄园密卢瓦－拉里维尼葡萄酒）。在约定时间的前一个小时，我们就先倒好葡萄酒，目的是先醒酒，开胃酒则选择了一杯香槟。聊了天，当正式进入主菜时，Château Maris也恰好已经完成醒酒的工作了。

喝第一杯的时候，我整个注意力都集中在这位德国朋友身上。这位高手会对我所选择的葡萄酒下什么样的评语呢？当他喝了第一口之后，相当惊叹地喊着："Wonderful！（太棒了！）"微辣口感，同时散发持久的蜜蜡香气，实在太美好了。"成功了！"我的内心相当愉快地叫喊着。

几个月后，5月中旬的某一天，太太突然说了一句话："今年结婚纪念日要怎么过呢？"这句话是在我们经过奥林匹克公园时，她丢给我的。当时刚好看到一对情侣，在汉江江边铺上地垫野餐。

到了结婚纪念日当天早上，我忙着烤香喷喷的法国千层面，准备芝士、黑橄榄以及新鲜的草莓，并把这些食物放入野餐篮之中，同时也准备了香槟和一瓶Château Maris，并同样在一个小时之前就先打开让它醒酒。

在微风徐徐吹拂的草地上，我打开野餐地垫，放上了所有精心准备的食物，在这样舒服的野外举办结婚纪念日，就像是电影般浪漫的情节上演似的；有香槟的美味以及新鲜的草莓，还有Château Maris伴随着……这一切构成了无比梦幻的结婚纪念日。

Château Maris
**生产地**：法国
**品种**：西拉70%、歌海娜(Grenache) 30%
**酒色**：深红色
**酒香**：感受到微辣的同时还散发持久的蜜蜡香气
**风味**：成熟果子中可以感受到的酸味和均衡感十足的单宁，展现出葡萄酒稳健的口感
**搭配的食物**：类似千层面的意大利餐点

## 感受到心动！
## Tignanello
具贤熙·Chateau 21葡萄酒酒吧侍酒师

男友某天忽然说要带我去一间优雅的葡萄酒吧，进入酒吧后，先是点了香甜的沙拉和Villa Muscatel（麝香葡萄酒）白葡萄酒。"这么热的夏天，我们先喝瓶清凉的！"就如他所说，喝下清凉的白葡萄酒后，全身变得相当爽快。"那么我们来

吃点东西吧。"接下来他又这样说，并先后点了几样餐点和搭配餐点的意大利托斯卡纳Tignanello（天娜干红葡萄酒）。"今天怎么会这样呢？"和平常完全不一样的感觉，不知道为何心里有满满心动的感觉。是真的心动吗？Tignanello倒入杯中品闻香气的瞬间，这样的感觉也占满了我的心。温和并且香气丰富的风味，口中结实的感觉非常好。

后来才知道，Tignanello是写下意大利葡萄酒新历史，并且出自名家之手的葡萄酒，丰富的水果香和橡木桶香味都相当忠实地呈现。而和自己喜欢的人一起品尝，那种感觉真是无法形容；我深刻地体验到葡萄酒要和喜欢的人一起享用才会更加美好的真理。

虽然之后我与那男孩并没有继续交往，但Tignanello到现在还是让我心动的葡萄酒，我也希望有一天可以再一次和我喜欢的人一起感受这种心动的感觉。

Tignanello
**生产地：** 意大利
**品种：** 桑娇维塞80％、卡本内–苏维翁15％、卡本内–弗朗5％
**酒精浓度：** 13.5％
**酒色：** 深红宝石色
**酒香：** 带有熟成的丰富水果香味和橡木桶香味
**风味：** 像天鹅绒一样温和口感的单宁风味，结实的构造和余韵，是经过长期熟成的高等级葡萄酒
**搭配的食物：** 牛排

# 勃艮第葡萄酒的终极风味
## Aloxe Corton J. Faiveley

常敏圭・CASA del VINO葡萄酒吧老板

一位常常到酒吧的客人，某天拿着从跳蚤市场购买到的葡萄酒来店里，那是一瓶价格相当昂贵的葡萄酒。不过因为软木塞上方有缺角，所以用低于300元的便宜价格就购买到了。他来店里的主要原因是，想确认葡萄酒有没有因为软木塞的缺损而走味。

在几双眼睛的注目下，我小心翼翼地打开年份标示为1997的葡萄酒Aloxe Corton J. Faiveley（法维莱酒庄阿乐斯歌顿红葡萄酒），大家因为担心葡萄酒是不是已经坏掉了，都对我投以焦急的眼神。

但是，确认的方法也只有将葡萄酒倒入杯中试饮，才能知道。将葡萄酒倒入杯中，先确认酒色和香气：这瓶酒的颜色是深暗宝石红色，这是勃艮第葡萄酒的特质，香气和平常闻到的香气不太一样，"真的坏掉了吗？"我也怀疑着。先让主人试饮看看吧。主人品尝了味道第一个反应就是："真的坏掉了，果然不能在跳蚤市场买葡萄酒！"看起来他心里相当难过。

取得客人同意之后，我也品尝了一口。啊！是很惊人的风味。如果换一个想法的话，这刚巧就是葡萄酒坏掉之前的风味，这不就是最佳的熟成状态吗？现在这个味道正是葡萄酒散发出最佳的熟成风味的时候。肉类在坏掉之前，不也是口感最温和最香的吗？

我向这位客人说明这一点之后，恭喜他用300元买到了一瓶最棒的葡萄酒，相当幸运。听到我的说明，一行人也开始品尝这瓶葡萄酒，开始被这瓶葡萄酒的风味所吸引，朋友间的气氛逐渐热络起来。

这一天之后，我时常想起那天所品尝到的勃艮第葡萄酒，不知道何时还有机会可以碰到它？

Aloxe Corton
**生产地**：法国
**品种**：黑皮诺100%
**酒精浓度**：13%
**酒色**：深暗宝石红
**酒香**：优雅并细致的樱桃香
**风味**：单宁风味不强劲，温和但相当有力量的口感
**搭配的食物**：法国鸡肉料理和韩国的鸡肉料理

# 身为侍酒师的荣耀
## JSM Fox Creek
李圣人·Wineline葡萄酒酒吧侍酒师

**JSM Fox Creek**
**生产地：** 澳大利亚
**品种：** 西拉70%、卡本内-
苏维翁10%
**酒精浓度：** 14%
**酒色：** 深紫红色
**酒香：** 不只水果的香味，还
可以感受到橡木桶发酵过程
中产生的焦糖香味，以及西
拉本身的胡椒香
**风味：** 口感新鲜温和，黑莓
风味浓郁；单宁的风味不仅
清楚，同时也可以感受到水
果的温和口感
**搭配的食物：** 用鸡肉和香菇
做成的酱料炒出的料理，将
猪肉加入香料的烤肉料理

　　一般侍酒师都会给客人解说葡萄酒相关的信
息，并且为客人介绍适合他们口味的葡萄酒。可是
比起这些事，更重要的就是在品尝过新进口的葡萄
酒后，选择是否进自己的商店供应；像这种时候，
侍酒师要考量的不是自己的口味，而是要审慎思考
客人喜欢的味道来挑选葡萄酒。

　　这一天，一间葡萄酒进口公司将自己最新进口
的葡萄酒拿到酒吧请我们试饮，是JSM Fox Creek
（狐狸湾庄园葡萄酒），西拉品种成分70%。听到
这瓶葡萄酒大概的信息之后，突然间，我想到了一
对常到我们酒吧的情侣。他们年约三十岁，是每个
月都会到酒吧享用葡萄酒的熟客，尤其偏爱用西拉
品种制作的葡萄酒，也正在寻找味道不涩并且浓郁
的酒。JSM Fox Creek就是这样的葡萄酒，我直觉这
对情侣一定会喜欢，当下便决定将这瓶葡萄酒引进
酒吧供应，这个有点风险的决定，只是希望可以让
那对情侣喜欢而已。

　　没过多久，那对情侣终于又来到了酒吧，我立
刻就上前介绍了JSM Fox Creek，他们也很爽快地接
受了推荐。当拿着JSM Fox Creek到他们面前打开
时，我的心情相当紧张。虽然我确定这是他们偏爱

的口味类型，但也许他们不喜欢这瓶葡萄酒也说不定。我专注地看着他们喝入第一口JSM Fox Creek，直到他们的脸上出现满足的神情时，我才终于安心了下来。

品闻葡萄酒香气的女生，表情是沉醉的，男生则是不停地赞叹着。他们异口同声地说，一直以来他们要找的葡萄酒就是这一种，非常开心可以碰到这瓶红酒。当我听到他们说，他们都非常相信我所推荐的酒时，心里觉得无比的高兴……我想这就是身为侍酒师的成就感。

# 脱离单身的昵称
# Marchesi di Gresy Solomerlot

张锡秀 · Table 34葡萄酒酒吧侍酒师

这瓶Marchesi di Gresy Solomerlot（格雷西酒庄圣罗梅洛红葡萄酒）是意大利葡萄酒中，少见用100%梅洛品种制作的葡萄酒。也因为Solomerlot这

个酒名的关系，使它成为令人无法忘记的葡萄酒。

5月，在准备踏入夏天的时节中，我和一群后辈一起到清平的民宿旅行。离开庸扰的都市到让身心舒畅的大自然，享受着很久没有的悠闲，我的心情像飞到天空上一样快乐。

晚餐时间，拿出准备的葡萄酒。

"喔，'Solomerlot'这名字真特别！"一位后辈对这个名字感到有兴趣，将它翻译成"独奏墨尔乐"。

"'独奏'，这完全就是单身人的葡萄酒吧！看来必须帮它取个脱离单身的昵称！"我们一起笑着说。

具有独特名字的Solomerlot，风味和特质都相当特殊。如果蒙眼品尝的话，会联想到法国柏美洛区的葡萄酒，口感厚重但温和。因为这是和一群喜欢大自然的朋友一起喝的Solomerlot，更令我无法忘怀。下次我送给单身的朋友生日礼物的话，我一定会送这瓶，祝他顺利脱离单身。

Marchesi di Gresy Solomerlot
**生产地**：意大利
**品种**：梅洛 100%
**酒精浓度**：14.5%
**酒色**：带点紫罗兰花色的深红宝石色
**酒香**：独特的蜜桃香、辛香料、樱桃香共同结合出丰富并且余韵强烈的香气
**风味**：口中感受到的是丰富和浓郁的特性，良好均衡感的酸度组织和纤细甜美的单宁，感到优秀的单宁风味和长久的余韵
**搭配的食物**：用炭火烤的里脊肉、蛤蚌、虾子

# 每个人都有属于自己的葡萄酒故事
## Black Label Shiraz Cabernet Sauvignon Wolf Blass

金正台 · Daum家族葡萄酒王国的人版主

为了纪念购买"葡萄酒储藏柜"，我举办了一场葡萄酒聚会，在这种葡萄酒聚会中，最开心的就是大家一起享用葡萄酒、一起聊天。在谈天说地之中，不知不觉就已经喝完了两瓶波尔多葡萄酒，在准备打开第三瓶时，一位后辈大方地贡献出自己秘藏的葡萄酒——澳大利亚产特级葡萄酒Black Label Shiraz Cabernet Sauvignon Wolf Blass（禾富黑牌赤霞珠-西

拉红葡萄酒），当他把酒放在桌上时，立刻受到大家如雷般的掌声。

饮用这瓶葡萄酒时，缓缓散发在嘴内的是葡萄酒的多层次风味；缓缓地摇动酒杯让葡萄酒与空气结合后，葡萄酒的香味和风味则更加活跃。一边听着喜爱Wolf Blass的后辈诉说他的经验谈，我对这瓶葡萄酒的风味印象更加深刻。地球上有数千数万种葡萄酒和它一样，拥有属于该葡萄酒的历史和故事，喜爱它们的人和自己喜爱的葡萄酒之间都会有一段属于他们的故事。

和很多人一起享用葡萄酒，分享许多故事，对于葡萄酒的风味印象更加深刻，而男人之间的友情，也会因此更加坚固，不是吗？

Black Label Shiraz Cabernet Sauvignon Wolf Blass
**生产地**：澳大利亚
**品种**：卡本内－苏维翁72%、西拉28%
**酒精浓度**：12%~14%
**酒色**：深沉的暗红色
**酒香**：不会很强烈，但丰富水果香味和香草香味会持续飘出，其中也包含了橡木桶熟成的香气
**风味**：虽然在嘴内的甜味不高，但最具魅力的是它有平衡感的风味，留在嘴中的余韵相当持久
**搭配的食物**：猪排、调味料丰富的食物，以及各种香肠类餐点

葡萄酒的名字，一定要确认吗？

在餐厅点用葡萄酒的时候，侍酒师会将葡萄酒带到面前，并且秀出葡萄酒的酒标。这时，必须确认酒标和点的葡萄酒是不是一样；葡萄酒的酒名和年份、葡萄品种等都要确认。例如点的是Mouton Cadet Reserve（木桐嘉棣珍藏）结果送来的却是Mouton Cadet（木桐嘉棣），这是完全不一样的葡萄酒。虽然只是Reserve这个单词上的差异，但是葡萄酒可是完全不一样的，因此在确认葡萄酒的时候，必须睁大眼睛仔细确定。

# 待嫁女儿和妈妈共饮的动人时光
## Sedara donnafugata

林世媛. Cyworld享受葡萄酒俱乐部会员

　　这是一个我在高中时最好朋友的故事。对妈妈相当孝顺的她，因为工作关系必须离家到外地，但她在每天繁忙的生活之中，都不忘打电话给妈妈。印象中，好像每次看到她，都是在和妈妈讲电话；问她一天和妈妈通几次电话，她回答："早上起来打电话、午餐时间打电话、晚上回家打电话、准备睡觉的时候打电话，平均一天打四次电话给妈妈。"我非常羡慕朋友与母亲间深切的情感。

但是和妈妈就像是好朋友一样的她，在这个秋天准备要嫁人了，婚后她要和新郎一起移居到日本。这对于妈妈而言，是多么舍不得的事呀！虽说女儿嫁出去本来就会感到舍不得，可是要嫁到国外，怎么样都会担心女儿在国外的生活。

朋友为了准备结婚，特地回到了家乡，也陪伴妈妈。那天我为朋友的母亲准备了一瓶Sedara donnafugata（多娜佳塔酒园赛塔拉干红葡萄酒），这瓶酒的名字有个很特别的由来，意思是"为了躲避，离开西西里的女孩"，因此这瓶葡萄酒的特征就是酒标上画了一个忧愁女子的图案。我想告诉朋友的母亲，朋友并不是为了躲避妈妈而离开，而是不得已必须到日本。我特地将这个由来和安慰写在信上寄给朋友的妈妈，希望她们可以度过一段美好的时光。

Sedara donnafugata
**生产地**：意大利
**品种**：黑珍珠（Nero d'Avola）100%
**酒精浓度**：13.5%
**酒色**：透出朱黄色的红色
**酒香**：开瓶时的香味好像会一直停留在鼻子上的强烈果实香；同时也可以感受到烟味、酱汁类、矿物的香味
**风味**：葡萄酒停留在口中时，充满了黑莓、樱桃等魅惑的风味，并且停留齿颊间的味道持久
**搭配的食物**：薄荷酱的意大利面、烤鲑鱼

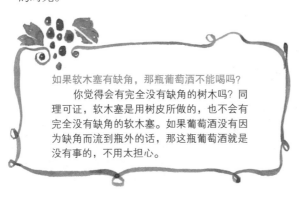

如果软木塞有缺角，那瓶葡萄酒不能喝吗？
你觉得会有完全没有缺角的树木吗？同理可证，软木塞是用树皮所做的，也不会有完全没有缺角的软木塞。如果葡萄酒没有因为缺角而流到瓶外的话，那这瓶葡萄酒就是没有事的，不用太担心。

# 留存像爱情一样的余韵
## Villa Antinori rosso

金良秀·意大利餐厅SooWarae厨师

2001年我曾到意大利学习料理，当时我还是个对于葡萄酒一知半解的人。意大利的葡萄酒文化已经融合于生活之中，价格也都相当便宜，在意大利人饮食中占有相当重要的地位。也因此，每天学校的课程中都会安排2小时的葡萄酒课程。因为这是一所世界各国想学习意大利料理的人都会来的学校，以至于能赞助学校的葡萄酒公司也相当多，因此每天午餐时间，桌上都会放上两三瓶葡萄酒。

在葡萄酒业者的立场上，为学校提供葡萄酒介绍和试饮，是一种相当有效的宣传活动。所以，只要到了中午时间，各家酿酒公司的员工都会带着葡萄酒介绍来拜访，中午吃饭时间就成为喝葡萄酒的午

休，度过了像梦境一样的光阴。

　　每天喝着葡萄酒，自然而然地就会开始了解葡萄酒的味道。以前单纯认为葡萄酒只是一种酒，但现在渐渐地开始用另一种观点来评论了，这个香味不错，那个味道甘甜，这个香味留在舌头上相当久……

　　那段时光里，我记忆最深刻的葡萄酒就是Villa Antinori rosso（安东尼世家干红葡萄酒），我个人相当喜欢安东尼世家酒庄的葡萄酒，在那个地方所生产的葡萄酒我大部分都会试喝看看，它们生产了许多不错的葡萄酒，其中Villa Antinori rosso不但价格便宜，风味也相当优秀。一直到现在，这瓶葡萄酒也是我最喜欢的葡萄酒。

　　价格没有负担，滑入喉咙后留在嘴里的余韵也相当久，具有令人无法忘记的魅力，这就是Villa Antinori rosso。在恋爱里面，如果无法忘记一个人，那人的身影常常会出现在自己脑海中，应该就可以定义为爱着那个人吧！对我而言，这瓶葡萄酒给我的就是这种爱的感觉，并且一直吸引着我，所以当我和我最爱的人结婚时，一定会一起享用这瓶葡萄酒。我也想要让她感受到，我对她的爱也会像这瓶葡萄酒的余韵一样久。

Villa Antinori rosso

**生产地：** 意大利
**品种：** 桑娇维塞60%、卡本内-苏维翁20%、梅洛15%、西拉5%
**酒精浓度：** 13%
**酒色：** 深红的红宝石色
**酒香：** 丰富的莓类香气和橡木桶的香气融合的感觉
**风味：** 温和的酸涩感及其深度的滋味，所产生出的美丽调和；可以感受到复杂又优雅的单宁风味
**搭配的食物：** 番茄酱意大利面和点心

# 葡萄酒时空胶囊
## Château Moulin Riche
李相澈·Naver葡萄酒咖啡馆俱乐部会员

在我生日前几天，和家人一起计划要准备丰盛的家庭晚餐庆祝；当然，一定也少不了葡萄酒。我想就算不是高价的葡萄酒，但是葡萄酒总是有办法将特别的日子突显得更加特别。

在太太烹调牛肉料理的时候，我用全家福照片做成葡萄酒的酒标，贴在购买回来的葡萄酒酒标上面。这是全世界唯一的葡萄酒，我将它命名为

"Château de Hana, 2006, A family of Seoul, Korea"
（Hana酒庄，2006年，韩国首尔的一家人，Hana是我独生女的名字）。

　　好吃的牛排和搭配用Hana的名字所命名的葡萄酒，度过我们家的小小庆祝活动；用完餐后，家人们各自用一张小纸条，写下给未来的自己和给家人的话，再将纸条放入喝完的葡萄酒瓶内放入冰箱里面。等过了几年再开封后，就会成为只属于一家人的时空胶囊。

　　经过了这个小小的家庭庆祝活动后，我试着想："什么是世界上最美味的葡萄酒呢？"世界上风味好、感动人心的葡萄酒有很多，光是上网搜寻，就可以找到文字或照片，但是那些我都无法亲自体验，所以没办法确认哪些葡萄酒真的好喝、真的感动人心。

　　但是，这一天晚上我和我家人一起喝的葡萄酒，让我亲自感受到真正的美味与感动，这一天的晚餐是世界上最美味的晚餐。

　　而促成我和家人度过那么幸福的晚餐的葡萄酒，是贴有我们全家福酒标的葡萄酒，名字叫作Château Moulin Riche（乐夫波菲庄园莫琳里奇干红葡萄酒）。

Château Moulin Riche

**生产地**：法国
**品 种**：卡本内－苏维翁65%、梅洛8%、卡本内－弗朗2%
**酒精浓度**：13%
**酒色**：深红宝石色
**酒香**：可以闻到丰富的水果香
**风味**：与黑樱桃类似的水果浓缩口感，并组合出美好的平衡感
**搭配的食物**：调味料不多的牛排

# 铝箔纸盒包装的红酒？！
## Frazia California Red
徐绍贤·葡萄酒世界学院讲师

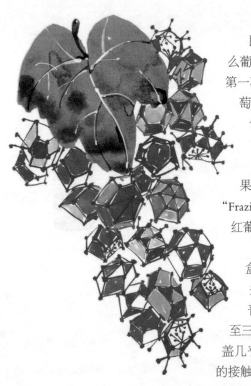

既然有铝箔纸盒包装的果汁，那么葡萄酒也有吗？答案是："有。"第一次在澳大利亚看到纸盒包装的葡萄酒时，我相当讶异。怎么会有纸包装的果汁高达3升，而且包装上面还写着"WINE"？我心里想，是葡萄酒风味的果汁吗？结果，那真的是葡萄酒，它的名字叫"Frazia California Red（加州风时亚干红葡萄酒）"。

纸包装内装着满满的葡萄酒，盒上的其中一面有着一个像水龙头般的塑胶盖子，可以倒出酒。普通的葡萄酒只要打开，过了两至三天就不能喝了，但是这种塑胶瓶盖几乎可以断绝包装内葡萄酒和空气的接触，减缓酸化的速度，过了一两个月还是可以维持它的味道，非常棒。

回到韩国之后，我就到处寻找是否有进口这种葡萄酒，最后发现，这种包装的葡萄酒在大型卖场就可以看到，而且价格也很便宜。购买回家后，父母看到也相当讶异，也觉得这是很方便的设计。

到了夏天，我也用这种葡萄酒取代其他冷饮，放入冰块后凉凉地饮用，每天都喝上一杯，对健康也有帮助。母亲的朋友听到这种葡萄酒的事之后，也通过我一次购买了30盒。

渐渐地，周围的朋友也开始喜欢这样的葡萄酒，甚至原本野餐或登山时习惯准备的酒类，现在通通都不见了，改成只准备一盒这个葡萄酒，轻松又方便。健康又饮用方便的Frazia California Red，不是专为葡萄酒初学者而特别设计的，而是为那些要让葡萄酒成为生活一部分的人而准备的。

Frazia California Red

**生产地：**美国
**品种：**桑娇维塞和各种品种葡萄一起混合
**酒精浓度：**12.5%
**酒色：**透明的红色
**酒香：**像草莓、红桃一样的新鲜水果香
**风味：**中等浓度的熟成黑莓和黑樱桃的清爽口感
**搭配的食物：**把它当作饮料一样饮用即可；搭配海鲜料理也很棒

葡萄酒该如何保管呢？

一般葡萄酒必须平躺保管，因为要是软木塞干燥的话就糟了。软木塞就如海绵一样，如果干燥的话，面积就会缩小；如果泡水的话，面积则会胀大。因此如果软木塞干燥的话，软木塞和酒瓶之间产生空隙，外部的空气便会进入瓶内，使得葡萄酒产生酸化，进而成为酒醋。葡萄酒打开后必须在2~3天之内饮用完毕的概念相当重要，这就是要避免葡萄酒酸化的关系；所以要让葡萄酒平躺保管，让软木塞随时维持湿润的状态，才不会因干燥而产生缝隙。

造成葡萄酒酸化的要素还有：阳光般的光线、高温、严重的震动；葡萄酒保管理想温度为10~12℃。而温度一直变化的话，会比在高温环境下保管还要危险，在固定温度阴凉的环境下保管是最基本的常识。

## 瞬间融化了疲劳
## Montes Alpha Cabernet Sauvignon

李鹤在·Naver葡萄酒生活俱乐部会员

就算不了解葡萄酒的人，也都会知道这瓶有名的"Montes Alpha"。在釜山举办的2002年韩日世界杯抽签活动中，它被选为主葡萄酒代表，可见它的品质也备受肯定。

想要推荐这种已经相当有名的葡萄酒，理由只有一个："有名的葡萄酒一定有其价值。"Montes Alpha的香味和风味相当完美，初学者在熟悉葡萄酒的过程中，可以将它当成模范酒。

我第一次碰到Montes Alpha时是在2002年就读大学的时候。当时因为适逢考试期间，每天都必须熬夜读书准备考试，所以身体和心理都相当疲劳。当终于考完试之后，就和朋友们约了去葡萄酒酒吧聚会，在该酒吧老板相当积极地推荐这款Montes Alpha Cabernet Sauvignon（蒙特斯欧法赤霞珠红葡萄酒）之下，我们也决定品尝这瓶葡萄酒。

"这是疲劳和解放交叠所带来的愉悦感吗？"喝下第一口就有了这样的感受，当时所尝到的葡萄酒口感简直是绝品，就如全身都融化的感觉一样。水果香扑鼻，涩味也带给舌尖些微的刺激感，就连不了解葡萄酒的人，也不会因为这份陌生感而排斥。

此刻，在经历所有辛苦的事之后，想要将所有的事情一举抛在脑后的心情，这瓶Montes Alpha似乎也感同身受。

Montes Alpha Cabernet Sauvignon

**生产地：** 智利
**品　种：** 卡本内－苏维翁85%、梅洛15%
**酒精浓度：** 13.5%
**酒色：** 感觉强烈的红宝石色
**酒香：** 如香草和薄荷两者结合出来优雅的面貌
**风味：** 适当的浓度，层次感分明，在新的橡木桶中经过12个月的熟成所产生的深层风味；Dry的风味同时又带有干净清爽的口感
**搭配的食物：** 简单的饼干或是芝士；但如果想维持葡萄酒的原有风味，只要喝葡萄酒就好

贵的葡萄酒就是好的吗？

　　如果要解答这样的疑惑的话，就应该先来了解葡萄酒昂贵的理由。首先，如果该葡萄酒生产量不大，具有稀少性的价值的话，价格就会提升；而要是由历史久远的酿酒厂所制作，或是在葡萄酒评价及各种葡萄酒大赏之中有好评价，也会使葡萄酒价格上升；最后，也有可能是酒商为了让消费者认知为好的葡萄酒，特意贴上高价位。所以，不应该直接认定贵的葡萄酒就是美味的葡萄酒。

# 盛装梦想的葡萄酒
# Gewurztraminer Vendange Tardive

殷大焕·Ritzcarlton Seoul侍酒师

　　那年结束了德国葡萄酒产地之旅，在德国法兰克福机场和朋友分开后，我独自在当地租了一台车前往法国的阿尔萨斯。开了很久才终于到了法国的国界，雄伟的孚日（Vosges）山脉映入我眼帘，阿尔萨斯的乡村就如童话中会看到的乡村一样出现了。在已经收割结束的葡萄树和颜色已经褪色成金黄色的平野，看到了一道彩虹；坐在家门口前吸着烟斗的老爷爷看着葡萄园的模样，仿佛世上已经没有任何挂心的事一样悠闲、仁慈，更为这个小乡村带来一份平静的悠闲感。

当时心想，如果我年纪大了，当了老爷爷的话，一定也要和我爱的人一起到这个地方来。对我而言，阿尔萨斯葡萄酒具有悠闲和自由以及梦想的特质；每当我喝了这个地方的葡萄酒时，这个乡村的自由悠闲的感觉就会浮上我脑海。

阿尔萨斯的葡萄酒大部分会将葡萄品种名当名字，其中琼瑶浆（Gewurztraminer）品种是具有丰富的热带水果香气的葡萄酒，初次接触葡萄酒的人，也很容易就能接受。尤其Hugel（贺加尔）公司所生产的Gewurztraminer Vendange Tardive（晚收琼瑶浆）具有强烈的橡木桶香，更会让我想到属于阿尔萨斯乡村的记忆。

冬天，坐在温暖的房间吃着地瓜的时候，感觉就像那时所看到的爷爷一样，相当悠闲自在。品尝着酸甜美味的葡萄酒时，阿尔萨斯的影像就会重现，这也是这瓶酒的独特魅力。

Gewurztraminer Vendange Tardive

**生产地：**法国
**品种：**琼瑶浆 100%
**酒精浓度：**12度
**酒色：**绿色之中又透出年轻葡萄酒所带有的稻草色
**酒香：**花香和果香融合出的综合香味
**风味：**琼瑶浆品种特色，香甜味中带点微苦的感觉
**搭配食物：**皇太子鱼、糖醋肉

# 开启新生命的源泉
# Bordeaux Pey La tour

金玄佑·Naver葡萄酒生活俱乐部版主

深夜，电话声响起，心中涌上不祥的预感。

拿起电话筒，对方说："是我啦……"是朋友的声音，可是怎么听起来那么不寻常？

"怎么了？发生了什么事吗？"

"我想跟你聊聊……"

完全感受不到气力的声音，好像正准备度过人生最后一程的人，听着他忧郁的声音，我有点担心。自从他的事业失败之后，丢下了"去吹吹风转换心情"一句话后就离开了韩国，到现在已经2个礼拜了，还是一样无法从绝望中脱离。

我们在电话中聊了超过2个小时的时间，但好像还是没办法给他勇气和力量。和这位朋友相处的时间里，他一直都让我觉得很愉快，而现在当他需要支持时，自己居然没办法帮助他，有点沮丧。挂上电话之后，我也失眠了。

睁着双眼度过一个晚上后，隔天我就决定搭上飞机去见我朋友。因为隐约觉得有点不安，好像他会发生什么事一样。

落地时，看到朋友出现在面前，我感到松了一口气，那种开心的心情言语都无法表达。一整个晚上我们都在聊天，当时陪着我们的葡萄酒，就是Bordeaux Pey La tour（贝尔拉图干红葡萄酒）。

朋友再回到韩国后，我们再度碰面，并再次用这瓶葡萄酒庆祝他回来。这时，朋友过去的痛苦，成为搭配红酒的点心，现在的他，充满着力量为未来准备着，过不了多久，也即将开启他的新事业。看到这样的他，我比任何人都开心，诚心地祝贺着他："恭喜你，朋友！一定会成功的！"

Bordeaux Pey La tour
**生产地：**法国
**品种：**梅洛70%、卡本内－苏维翁20%、卡本内－弗朗10%
**酒精浓度：**13.5%
**酒色：**红宝石色
**酒香：**散发出熟成水果的香气
**风味：**口感丰富均衡感优秀的葡萄酒，留在口中的香气很持久
**搭配的食物：**任何食物都很适合，或是只喝葡萄酒也很不错

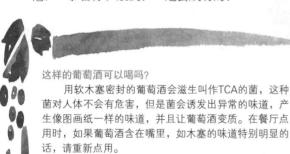

这样的葡萄酒可以喝吗？

用软木塞密封的葡萄酒会滋生叫作TCA的菌，这种菌对人体不会有危害，但是菌会诱发出异常的味道，产生像图画纸一样的味道，并且让葡萄酒变质。在餐厅点用时，如果葡萄酒含在嘴里，如木塞的味道特别明显的话，请重新点用。

万一葡萄酒打开冲出像食醋一样的味道时，就表示这瓶葡萄酒"绝对有问题"。很有可能是放太久坏掉了；如果不是选用气泡葡萄酒，却看到气泡的话，这也表示杯内的酒已经坏了。

Friends forever!!

# 补充自信的维生素
# Ai Suma Braida
黄恩音·Cyworld葡萄酒与艺术生活俱乐部会员

　　喜欢Ai Suma的理由数也数不完，也许这就跟喜欢上葡萄酒的理由，无法一一列举说明一样。

　　初次看到Ai Suma Braida（百莱达阿苏玛干红葡萄酒）时，我正处于因为新的课业感到头痛，忧心苦恼的时期。偶然间，听到Ceddor葡萄酒酒吧将举办"Giacoma Bologna Braida（百莱达酒庄）试饮会"的消息，我持着让脑袋休息的想法，参加了这个试饮会。但出乎意料，葡萄酒的酿造者也出席了试饮会，亲自一一介绍了Ai Suma Braida葡萄酒。积极又有活力的她，脸上散发出身为葡萄酒制造者的自信和骄傲。

　　Ai Suma Braida很特别的一点是，现在的生产者注入了已故父亲Giacoma Bologna（贾科莫·博洛尼亚）对此葡萄酒的热情；因为这瓶葡萄酒的名字来源，是Giacoma Bologna在1990年收割葡萄时，看到品质优秀的葡萄熟成样子，不自觉惊叹喊出了"Ai Suma"，而这个词，就成为这瓶酒的名字。这句话的英文就是"We've done it（我们做到了）!"从这个名字中，就可以感受到Giacoma Bologna对葡萄酒的热情。

所以，当Giacoma Bologna的女儿在说明这瓶酒的由来时，散发着对这瓶酒的骄傲与自信。见到活力有趣的她和Ai Suma之后，奇妙地，我的苦恼渐渐消失了。就像是她继承了父亲的精神，将平民葡萄酒升格为高级葡萄酒，成功地经营着父亲的酿造厂一样，我希望自己可以成为成功自信的女性。如果在工作上注入自己的热情的话，一定没有做不到的事！自此之后，Ai Suma成为我疲惫的时候，给予我自信的维生素。

如果要给还没有参加过任何葡萄酒讲座、对葡萄酒也不是很了解的新手一个建议的话，那就是："如果想要得真正了解葡萄酒的话，最快的方法就是必须要常常接触它，并且尽量去尝试各种不同的种类。"我现在也一直都相当勤奋地参加葡萄酒试饮会，虽然还没有碰到比"Giacoma Bologna Braida"试饮会更带给我感动的经验，但像这样在努力积极地了解葡萄酒的同时，似乎也感受到葡萄酒就像我的朋友一样陪伴着我，给予我一生之中的智慧和勇气。

Ai Suma Braida
**生产地**：意大利
**品种**：巴贝拉（Barbera）100%
**酒精浓度**：14.5%
**酒色**：深色的红宝石色
**酒香**：混合各种品种的草莓香、香草、可可亚、巧克力等香味
**风味**：第一口的味道相当强烈，开瓶时间越久单宁的芬芳会留在口中越久；但是滑入喉咙之间相当温和滑顺，含在嘴内越久，它的口感则越温和
**搭配的食物**：加上沙拉和芝士的法式小点，三明治和味道独特的巧克力

## 完成困难专案的奖赏
# Sito Moresco Angelo Gaja
银岱桓 · 首尔丽池卡尔登饭店侍酒师

Sito Moresco Angelo Gaja
**生产地：**意大利
**品种：**内比奥罗35%、梅洛35%、卡本内–苏维翁30%
**酒精浓度：**13.5%
**酒色：**美丽的红宝石色
**酒香：**熟成的樱桃香
**风味：**内比奥罗、梅洛、卡本内–苏维翁各1/3调配，具有三种特质，产生出优雅的风味
**搭配的食物：**酱料浓郁的肉类料理

其实我对意大利的皮耶蒙特地区印象不是太好，不仅食物不合胃口，还碰到过一些令人不愉快的人。但是，这个地方却有一个让我忘不了的东西——葡萄酒；这里是意大利著名的葡萄酒生产地，也是相当令人尊敬的葡萄酒生产者安杰罗·加亚（Angelo Gaja）的根据地。

制作出高级葡萄酒Barbaresco（巴巴莱斯科）的安杰罗·加亚，毕生对于葡萄酒注入了相当大的热情，是改变意大利人制作葡萄酒的重要人物。美国有名的葡萄酒生产者罗伯·蒙岱维（Robert Mondavi）曾经找他合作，但安杰罗·加亚将罗伯·蒙岱维比喻为"大象"，自己为"蚊子"，而合作就如两方结婚一样，大象和蚊子是不可能共同生存的，因此拒绝了合作案。对于安杰罗·加亚拒绝了那么大诱惑的意志，我感到相当尊敬。

2003年时，因为该年欧洲的天气相当炎热，安杰罗·加亚停止生产他作品中最具代表性的白葡萄酒"Gaia & Rey（嘉雅盖娅&雷伊干白）"；很多人都认为那是制作优良品质葡萄酒的最佳气候条件，但是，安杰罗·加亚却认为炎热天气会使葡萄酒酸度不足，并且不适合长时间酿造，因此当年停

止生产他最有名的葡萄酒，从这一点就可以看出他对葡萄酒的固执和专业精神。听到这样的故事，令人必须用尊敬的心情，品尝他用诚心制作出来的葡萄酒。

安杰罗·加亚制作出很多不错的葡萄酒，如Sori Tildin（苏里蒂丁园干红）和Sori San Lorenzo（苏里圣劳伦干红）等，不过我特别想要推荐Sito Moresco（嘉雅摩尔仕堡干红葡萄酒）给刚开始喝葡萄酒的人。巧妙混合内比奥罗、梅洛、卡本内-苏维翁等3种葡萄酒品种，以各1/3的比例混合出具有内比奥罗地方性、梅洛的优雅和卡本内-苏维翁的强烈3种不同的特性。喝过调配完美的Sito Moresco后，立即就会知道它与其他葡萄酒的差别了。

每当进行难度高的专案，经过努力而成功完成的时候，和一起辛苦工作的伙伴们一起享用这瓶葡萄酒，再搭配酱料浓郁的肉类料理，就像是庆贺一样让人感到高兴。

# 每一个细胞都感受到红酒
## La Cedre

金万闳·ABC F&B意大利餐厅的侍酒师

其实当自己决定要让葡萄酒成为工作的时候，对葡萄酒只有很基本的认识而已。当时我自己也将葡萄酒神化，认为葡萄酒是不可以随意接近的；那时，曾有顾客对抱持着这种想法的我，摇着头说了一句话："你到底在说什么？"现在回想起来，还真想挖个地洞钻进去，真是糗。

我上班的地点是在葡萄酒专卖店，里头的葡萄酒储藏柜可以用空调设备调节温度，最低温度是18℃；但我却对于这样的温度感到相当不安，因为在我获得的知识中，最理想的温度为12~15℃，而理想湿度是70%~80%，我想18℃这个温度会给葡萄酒带来不好的影响。

我就这样带着这个烦恼过了一年，在2004年的某天，在没有抱持着特别期待的心情下，我与老板准备开瓶2000年产的La Cedre（赛德雷酒庄红葡萄酒）。打开葡萄酒的时候，闻到的是没有经过长时间熟成的酒香，当时对于不喜欢年轻的葡萄酒的我来说，真是感到痛苦；再将酒倒入杯中，闻到的香味不一样了，那一瞬间，我的直觉告诉我："这瓶葡萄酒不一样。"原本对这瓶葡萄酒没有抱很大期待的我，却为它的香气感到着迷。我开始对这瓶葡萄酒从没好感转变成喜欢，我将不感兴趣的葡萄酒送入口中；一瞬间，我脑袋只环绕着Perfect（完美）这个单词。看着国外送来的书上，原本不了解为何有名的葡萄酒评论家会将这瓶葡萄酒列入昂贵的酒里，但在我喝下它的瞬间，全部了解了它的价值。

　　喝葡萄酒的时候，我脑袋环绕着："为何在葡萄酒保管环境不佳下，它的风味还是那么好？"过了几天后，我终于理解：葡萄酒也只是酒，是一种和好朋友在心情好的环境之下一起享用的酒；而之前自己对于葡萄酒的解读是错误的，不是来自周边的评论也不是书籍资料，而是自己的偏见。因为葡萄酒常常会有变数，搭配适当的环境也能喝到不错的酒。

　　虽然知道得有点晚，但La Cedre让我清楚了解到了葡萄酒是什么东西。刚开始认为在不对的温度或地方保存的葡萄酒会造成葡萄酒变质，但其实也会造就早期熟成的可能性。也许我喝到的，恰好就是早期熟成的葡萄酒。

　　在此之后，也曾在其他温度下品尝La Cedre，却似乎无法重现当时给我的感觉。

La Cedre
**生产地**：法国
**品种**：马尔贝克100%
**酒精浓度**：13.6%
**酒色**：浓郁的深红色
**酒香**：经历约20个月在橡木桶中熟成的过程，橡木桶香和巧克力、水果香非常丰富
**风味**：丰富并且深沉浓缩樱桃的水果香味，还可以感受到单宁的口感
**搭配的食物**：香气和味道强烈的蓝莓芝士

## 适合时间：懒散的周日
## Château Les Hauts de Pontet

李圣勋·Wineline葡萄酒专门店经理

让我立定志向决定让葡萄酒成为我的终生职业，是在我第三天上班发生的事。

这天一早，才刚开始工作而已，突然所有的职员都被叫去试饮葡萄酒。一大早试饮葡萄酒让我有点担心，因为时间太早，味觉都还是相当迟钝。试饮的葡萄酒是在当时还不知名的法国葡萄酒Château Les Hauts de Pontet（庞特卡奈庄园副牌干红葡萄酒），对于这个国家的葡萄酒印象就是涩并带有苦味，看着摆在眼前的酒，让我的内心更加担忧。但是当第一口酒滑入喉咙时，我发现这些忧心都是多余的；它有着一种不知该如何表达的温和感，而且吞入喉咙后还有留在嘴里的余韵，仅仅只是一口而已，在口中的香味居然长达30分钟。与一般葡萄酒3~5分钟停留的时间相比，这瓶葡萄酒相当惊人。当时的这瓶葡萄酒在嘴内的感觉，让我几乎达到快呐喊的程度。

经历过这件事之后，我成了这瓶葡萄酒的传道士，开始积极地向顾客推荐这瓶葡萄酒。虽然无法用言语表达我所感受到的，但是许多客人对这瓶葡萄酒都相当喜欢，10位购买过的，有9位还会回来购买。一直到最近，好像每个客人都知道这瓶葡萄

Château Les Hauts de Pontet
**生产地**：法国
**品种**：梅洛33%、卡本内-弗朗 8%、卡本内-苏维翁 5%
**酒精浓度**：13%
**酒色**：深红宝石色
**酒香**：烤吐司香和皮革香调和的香味，清爽没有负担
**风味**：美丽平衡的风味，留在口中的余韵相当长，喝一段时间之后嘴里还可以感受到它的味道
**搭配的食物**：搭配煎饺最棒，帕马森干酪和饼干都可以；单纯饮用葡萄酒也很棒

酒一样，竟然上了销售排行榜第一名，让我感到相当开心。

现在只要到周日，我一定会喝一些Château Les Hauts de Pontet，一点一点地品尝，当它留在嘴里的香味快要消失时再喝一杯，又要消失的时候，又再喝一杯……一直反复着，直到晚上，用它来享受慵懒的周日时光。

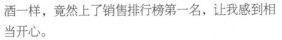

## 品尝一口电影场景
# Nipozzano Riserva

金仁秀·Gona意大利餐厅厨师

2001年，我曾经到欧洲进行了一趟美食旅行，经历了就像电影中的场面一样的水彩画般的美景，永无止境似的广袤的向日葵田，让我深深沉迷在美景之中，是很难忘怀的经验。

因为是乘坐火车旅行，所以也特别预约了火

车餐厅内的晚餐。车窗外是美丽如电影风景般的场面，但我没想到，真正的电影画面现在才开始。我请一位服务生为我们点餐，但服务生的脸孔好像有点眼熟，细看之下，发现他和安东尼奥·班德拉斯长得一模一样。不过，我当然知道安东尼奥·班德拉斯不可能在火车内的餐厅工作，但意大利的男孩长得可真好看呀！这也是我第一次看到长得和电影明星一模一样的人，他帅到会让人误以为和安东尼奥·班德拉斯是双胞胎。

点餐后，请这位服务生为我们介绍葡萄酒，他用超迷人的微笑，介绍给我一瓶"Nipozzano Riserva（力宝山路珍藏红葡萄酒）"。当他把葡萄酒带到我们面前，并为我们倒酒的时候，真的像是电影明星在为我服务一样。不只这位服务生，从火车内出来的乘务人员也长得像尚雷诺，而我们餐桌前面的女客人长得更是像辛迪·克劳馥。这简直就像是正在拍摄的电影场面一样，让我有种脱离现实的错觉：我不是在火车内的小餐厅，而是在非常有名的餐厅内品尝高级葡萄酒。

这样迷人的环境，让我永远都忘不了Nipozzano Riserva。这不只是一瓶葡萄酒，而是我特别的记忆。

这次的美食之旅让我更加喜欢葡萄酒，每当我在品尝葡萄酒的时候，我都会环顾四周，说不定会有像电影演员一样的人出现在周围。虽然像在火车上一样的经验很难遇到，但我相信葡萄酒总是可以带给我意想不到的体验。

Nipozzano Riserva

**生产地：**意大利
**品种：**桑娇维塞90%，黑玛尔维萨（Malvasia nera）、梅洛、卡本内–苏维翁10%
**酒精浓度：**13%
**酒色：**隐约可看到酒内的透明红宝石色
**酒香：**让整个空间弥漫一股樱桃、草莓、蜜桃和干燥花的香味
**风味：**适当的酸度成为葡萄酒的精华，新鲜的水果香更为香味增添一股力量，果实的香味最后包围着整个味道；酒精浓度和优秀的质感达成完美的均衡，留在嘴内的余韵持久
**搭配的食物：**用番茄酱料制作的意大利面

# 沉浸在玫瑰香气的日子
# Bava Rosetta

连庭淑 · 葡萄酒王国Le Club de Vin Coex店经理

印象很深刻，那天发生了很多平常不会发生的事。

2005年3月，有一天举行了"对战罗马假期的意大利葡萄酒"活动，总公司在卖场前面陈列意大利葡萄酒，甚至还贴上了意大利地图的海报，展示活动办得相当盛大。那天晚上轮到我上夜班，在晚上约10点的时候，却突然听到很大的"砰"的声响，"呀！这是什么声音？"原本以为是天花板的灯破裂，但到活动卖场展示台检查后，我吓了一大跳！一瓶活动展示的Bava Rosetta（巴伐洛丽塔红葡萄酒）葡萄酒因为无法承受气压，爆裂开来了。"天呀！我的葡萄酒！"我大喊着，但现在重要的不是那些破掉的Bava Rosetta，而是是否有影响到附近其他的高级葡萄酒。我赶紧拿着抹布擦拭干净，收拾环境，顺道检查。

这时周围传来一阵刺激鼻子的玫瑰花香。"咦？这是什么香味？"爆裂的酒瓶内缓缓升起气泡的葡萄酒，是它散发出来的吗？"既然都破了，那就喝喝看吧！"同事这样提议。对于这瓶葡萄酒，我了解得很少，只知道它是酒精浓度5%的玫瑰气泡酒而已，对于香味及风味更是一无所知。

将葡萄酒倒入杯中，气泡还是在杯内上升。它所具有的花香，也一直强烈诱惑我的嗅觉。和同事们"锵！"一起干杯，接下来，第一口的感觉是又甜蜜又温和的口感，飘散着野生玫瑰花的香味，这就是那个一直吸引我的味道。有趣的是，一位不太能喝酒的同事，喝了一口就连连赞叹着："这根本是属于我的口味呀！"所有人都沉醉在这瓶葡萄酒之中，完全忘记周围其他可能被波及的高级酒的存在。

晚班就在笑声与快乐的气氛中度过，那天的Bava Rosetta风味实在令人无法忘却；那天之后，也再也没有发生过爆裂的事件了。

Bava Rosetta
**生产地**：意大利
**品种**：玛尔维萨（Malvasia）100%
**酒精浓度**：5.5%
**酒色**：透出漂亮的玫瑰色泽
**酒香**：Bava Rosetta特有的玫瑰及水果香
**风味**：口感甜蜜，酒精浓度不高，没负担
**搭配的食物**：水果或蛋糕之类的点心

# 美味加倍，滋味无限
适用对象：与食物一起搭配

## 调和油腻腻的中秋节
## Mouton Cadet Red
金敏情 · Cyworld葡萄酒与艺术生活俱乐部会员

去年中秋节时，我刚结束一段恋情，套句常用的话来说就是："正享受着一个人的自由。"虽然这么说，可当自己一个人泡着泡面时，确实也感受到孤单。打了电话给像我一样也独自度过中秋节的朋友，互相诉说两人同病相怜的故事的同时，便下了个决定，我们两人一起过个葡萄酒Party吧！

Party的场所就定在朋友的家中，但她是个不懂葡萄酒的门外汉，所以可以想象的，她家不会有葡萄酒，更别说其他所需要的周边用品了。我虽然是葡萄酒初入门者，但该有的还是都有，因此我带着葡萄酒开瓶器以及葡萄酒杯等物品，大包小包地赶到贩卖葡萄酒的专营店购买酒。

特地打扮过才出门，却遇到下雨，天啊……经过一番折腾，终于成功找到店家，但问题还没结束，对葡萄酒知识浅薄的我，看到满满的葡萄酒陈列在架上时，实在不知道该选哪瓶葡萄酒！最后，只好请店员推荐有名的葡萄酒，而我就连酒的名字都没细看，就匆忙结账赶到朋友家。

到朋友家时，身上特地穿上的优雅衣服早已被雨水淋湿了。但是，还是不能被打败，更应该展开一场愉快的葡萄酒Party才行。"铿！"一声清脆的葡萄酒杯撞杯声后，优雅地轻抿一口葡萄酒，脑中想象着接下来应该会像是电影中所看到的画面一样梦幻。"啧！"怎么会是那么涩的味道？舌头好像麻痹了一样，真不好喝。"失败了！"朋友的脸上透出一丝失望的表情。

可是节庆还是要继续，决定放弃辛苦买来的葡萄酒，品尝朋友妈妈精心制作的中秋菜肴；吃着这些美味丰富的菜肴，刚刚被弄坏的心情也逐渐好转。看到那瓶葡萄酒受冷落地被摆在餐桌的某一角，刚刚那么辛苦淋雨才购买到的，就这样让它放着，真的觉得好可惜，再试一次吧！抱持着再给它一次机会的心情，拿起刚刚已经被遗忘的酒瓶；而且才吃了油腻的菜肴，也许需要点清爽的东西中和口中的油腻感，我心里这样想。哇！这是怎么回事！怎么跟刚刚喝的感觉完全不一样，不仅香气迷人，刚刚的涩味也完全不见了，变成具有清爽口感的葡萄酒了。这样美妙的味道，让我一度怀疑这到底是不是刚刚那瓶葡萄酒。一直到这时，我才开始认真地端看这瓶葡萄酒的名字："Mouton Cadet Red（木桐嘉棣红葡萄酒）。"

当葡萄酒的名字进入我眼帘后，今晚的葡萄酒Party才算是正式开始。这一瞬间，"你喊着我的名字之前，我只是个无灵魂的躯体"这句诗从我脑海中闪过。"对，没错！就是这种感觉，在喝这瓶酒之前，它只不过是一种液体，但现在不同了。"葡萄酒缓缓滑入喉咙，这时气氛才渐渐热络。一瓶葡萄酒可以改变整个Party的气氛，当时对我们而言，真的感受到葡萄酒的魔法魅力。

Mouton Cadet Red
**生产地**：法国波尔多
**品种**：梅洛55%、卡本内–苏维翁30%、卡本内–弗朗15%
**酒色**：魅力的樱桃色
**酒香**：野草莓的香气和烟熏香气融合
**风味**：优雅的单宁和清爽的水果风味，带着皮革香的复合式风味；优雅并带点余韵的葡萄酒
**搭配的食物**：油腻的菜肴，尤其是节日的菜肴

# 陷入德国葡萄酒的魅力
# Dr. Loosen Riesling

崔海淑·葡萄酒世界学院次长

我有一个怪癖，只要是德国的白葡萄酒，我都没有兴趣。没有什么特别的理由，也不知道从哪里开始就有这样的偏见，只要是德国的白葡萄酒，我给予的评价都会相当吝啬。

因此，当我收到Dr. Loosen Riesling的那一天开始，这瓶白葡萄酒就注定是被放在家里角落的命运。虽然知道这样对送礼物的人很不礼貌，但是对于没有兴趣的东西，我也没办法。

在几乎忘记有Dr. Loosen Riesling（露森雷司令冰白葡萄酒）存在的某一天，一群朋友刚好到我家拜访，我特地准备了一些简单的点心，用火腿、芝士、水煮虾等材料搭配小面包组成的法国小点心，美丽地摆上桌；但是朋友们又说，这么棒的聚会没有葡萄酒绝对不行，要求开瓶白葡萄酒一起享用。因为不想破坏如此开心的气氛，这时只能硬着头皮把Dr. Loosen Riesling拿出来。家里的白葡萄酒只有它了，也没有选择的余地。"就把它当作水喝吧！"

Dr. Loosen Riesling

**生产地**：德国
**品种**：雷司令100%
**酒精度数**：8.5%
**酒色**：清澈干净的黄色
**酒香**：香气十足的苹果、香瓜、柚子香和新鲜的矿物香融合而成的丰富风味
**风味**：新鲜并带点刺激的丰富口感，细致的口味是它最大的优点
**搭配的食物**：火腿芝士和水煮虾，或简单的法式小点

当时我心里排斥着。

朋友们倒了葡萄酒，一起享用。"但是……怎么会这样？！"葡萄酒进入嘴里那一瞬间，就陷入Dr. Loosen Riesling的魅力之中。新鲜的口感中又带有强烈的香气及风味，感觉就像是有生命的液体一样，难以言喻的感觉散布全身！我开始为对它之前的无视态度感到抱歉，先前差点因为自己没来由的偏见，错过一瓶好葡萄酒。对于将如此美味的葡萄酒丢放在家里一角的无知，我感到羞愧。

这之后，我不再带着我自己的偏见，各种种类的葡萄酒都愿意尝试，也享受寻找好葡萄酒的乐趣。

葡萄酒是有钱人的酒吗？

只有"有钱人"才喝葡萄酒，真是个天大的误会。喝葡萄酒就得重视格调及礼仪的误解，是大家无法接近葡萄酒的巨大障碍。关于葡萄酒，最常看到的状况是在连续剧及电影中的人为制作的画面，其实爱喝葡萄酒的法国和意大利，人们喝葡萄酒就如我们喝水一般，用餐时也一定少不了，很自然。

# 食物与酒的协奏曲
# Woodbridge rose

毛兰熙·葡萄酒酒吧CASA del VINO侍酒师

Woodbridge rose
**生产地：**美国加州
**品种：**仙粉黛96%、麝香
4%
**酒精浓度：**9.5%
**酒色：**粉红玫瑰色
**酒香：**魅惑的花香和新鲜水
果、草莓等水果的香味
**风味：**葡萄原本的甜味和清
爽酸味
**搭配的食物：**用软柿子做成
的蔬菜沙拉，或是季节性水
果

投入葡萄酒工作已经满7年了，但真正开始接触葡萄酒，则是在更早的21岁。在那个时候，要找到可以让人接受葡萄酒整体训练的机构还是相当困难，直到有一天看到新闻报道"国内第一间葡萄酒私人补习班开幕"，我没有一丝迟疑就跑去报名。上课时品尝的Woodbridge rose（木桥桃红葡萄酒）是我品尝过的葡萄酒中，念念不忘的美味之一。

在学院学习的过程中，针对初学者的葡萄酒饮用阶段，有以下区分：1.白葡萄酒比红葡萄酒更早开始品尝。2.白葡萄酒中，甜葡萄酒比干葡萄酒更先品尝。对于刚开始尝试葡萄酒味道的我，在红葡萄酒与白葡萄酒之间，较为喜欢前者，其中更喜欢梅洛的味道。也许是因为平常不是很喜欢甜食的关系，所以在学院时，关于白葡萄酒，一直停留在试饮阶段而已。

直到有一天，参加一位在法国专攻料理的老师所开的"食物与葡萄酒的调和"课程。老师准备了用软柿子所做的酱料，做成蔬菜沙拉后分享给各位学员，并且为各位学员倒上一杯透着粉红光泽的葡萄酒。那瓶葡萄酒就是Woodbridge rose。

当时看到的葡萄酒所透出的漂亮色泽，到现在还是很鲜明地浮现在我眼前。葡萄酒的粉红光线和清爽的沙拉酱汁，产生出了美丽的调和；酸甜的葡萄酒和香甜的沙拉酱搭配出的美味，就像是协奏曲中各种乐器的完美搭配一样。那个味道，我到现在还无法忘记。在参加这个课程之前，原本我并不了解为何课程要命名为"食物与葡萄酒的调和"，但实际尝试过后，让我感受到了食物在学习葡萄酒的课程中，占有很重要的地位。

葡萄酒虽然完美，但是如果有搭配它的食物和可以一起分享这种完美调和的人，就会更加棒。这个课程讲解了这种基本理论，也让我亲身实际体验了。

# 和烤鸡融为一体了！
## Robert Mondavi Pinot Noir
## Saltram Mamre Brook

韩龙·Naver葡萄酒生活俱乐部会员

Robert Mondavi Pinot Noir
**生产地：**美国
**品种：**黑皮诺
**酒精浓度：**13.8%
**颜色：**黑樱桃和玫瑰的深红色
**酒香：**黑樱桃、熟透的莓类、玫瑰、森林香
**风味：**含丰富及浓度高的水果风味，留在口中的风味可以感受到橡木桶中所散发出的香草香味
**搭配的食物：**烤鸡最适合

一位小我10岁、我与太太共同的朋友要当新娘子了，他们夫妇俩邀请我们到他们家做客，并且准备了葡萄酒晚餐。为了答谢他们，之后我们也邀请了他们到我们家用餐，并决定用加上百里香、奶油、柠檬烤上4个小时的烤鸡当作主菜。

我们都很喜欢葡萄酒，因此我特别选择了适合当天主餐的葡萄酒饮用，先是使用黑皮诺品种的Robert Mondavi Pinot Noir（蒙大维黑皮诺干红葡萄酒），接下来则是西拉品种的Saltram Mamre Brook（索莱酒园玛丽小溪西拉干红葡萄酒），并且在一个小时前就先开瓶准备好。

先是开心地聊天，直到在酒杯内倒入Robert Mondavi Pinot Noir后，才终于开始正式用晚餐。听说过Robert Mondavi Pinot Noir很适合用红酒料理的法国鸡肉料理（Coq au Vin），但是，是不是真的适合烤鸡料理，则没听过，所以多少还是有点不安。不管是准备料理邀请客人的主人，还是受邀请的客人，都会希望可以度过一个开心愉快的晚餐时间。

小心地将一口鸡肉放入嘴中，接着半期待半忧

心地品尝了一口Robert Mondavi Pinot Noir。天啊！这两种东西的组合真是想象不到的美妙，Pinot Noir的强烈香气和口感柔软的鸡肉，滑入喉咙中也更加提升了鸡肉的美味。

喝完Robert Mondavi Pinot Noir后，接下来换个酒杯改喝Saltram Mamre Brook。 Saltram Mamre Brook搭配和烤鸡一起搭配的食材香菇、糯米饭、甜椒也不差，尤其是蒜头更加适合。我们一杯接一杯地品尝着葡萄酒，开始有点醉了，即使价位低廉的Saltram Mamre Brook也都觉得相当顺口。

太太是白葡萄酒的爱好者，但不太能喝红葡萄酒，因此对红葡萄酒也算是初入门者。不过这天，太太完全没有喝任何白葡萄酒，一开始到结束都和我们一起享用红葡萄酒，非常喜欢。

我想就如太太感受到的一样，Robert Mondavi Pinot Noir和Saltram Mamre Brook相当适合红葡萄酒入门者。当天的晚餐聚会很成功，新婚夫妇也非常满意，不过，对我来说最棒的是，可以让太太也感受到红葡萄酒的美味。

Saltram Mamre Brook

**生产地**：澳大利亚
**品种**：西拉100%
**酒精浓度**：15%
**酒色**：深红宝石色
**酒香**：薄荷香和莓类的香味，再加上皮革香等香味丰富的葡萄酒
**风味**：适当的辛辣感和柔和的单宁搭配出绝顶魅力
**搭配的食物**：和烤鸡一起搭配的香菇、糯米饭、甜椒，尤其是蒜头更加适合

# 享受独自一人的夜晚气氛
## Ripassa Valpolicela Superiore

金英薰·Cyworld葡萄酒和艺术生活俱乐部会员

意大利葡萄酒中，我第一个会联想到的是"Chianti（基安蒂）"，如果再和番茄酱做成的料理搭配的话，更是个超梦想的组合。Chianti葡萄酒可谓是意大利葡萄酒中最具有代表性的葡萄酒。但是如果不是搭配餐点，而只是单纯地享用葡萄酒的时候，Chianti葡萄酒给人的负担似乎太重。要是问我对于Chianti葡萄酒的评价是什么，我一定会说："因为酸味的关系，搭配意大利面很不错。但如果只是单独享用葡萄酒的话，则比较不适合。"

当我一直以为意大利葡萄酒的代表就是Chianti的时候，Ripassa的出现帮我清除了这样的旧观念。一间熟悉的葡萄酒专营店经理向我介绍Chianti的时候，我听到"意大利出产"时，皱起了眉头，"怎么会跟正在寻找浓度高的雪若葡萄酒的人介绍意大利葡萄酒呢？"现在回想起来，那时的想法实在太肤浅了。

不抱持任何期待的想法，我带回了Ripassa Valpolicela Superiore（利帕萨瓦波里切拉红葡萄酒），回到家后，也只是把它随手放在房子的一角。一直过了几天，那晚我正在阅读书籍，想悠闲地喝杯葡萄酒来当作一天的结束。当时被我打开的葡萄酒，就是被放在角落的Ripassa，"本来就对这瓶葡萄酒没什么兴趣，就算开了几天喝不完，也不会觉得可惜。"

随手将葡萄酒倒入杯中，才知道这个小子真的不简单呀，在深紫红的酒色下，浓烈的橡木桶香迅速冲击我的嗅觉。含一口在嘴中，先感受到强烈压抑的单宁，接下来就是浓厚的Body和余韵般回绕在口中的香甜；浓郁的深紫色液体渐渐在我口中消失，但黑胡椒和几种不知名的辛香料香味一直环绕在我嘴中。

这瓶葡萄酒超乎我的想象，自己就在惊叹下喝完了第一杯，又接着倒了第二杯……不知不觉就喝了半瓶。在稍微清醒后，我便往酒友托尼家跑去，要与他分享；没有对这瓶酒做任何说明，只要他先品尝再说，只见托尼喝了一口后，脸上也堆起了满满笑容。我们不停地称赞这瓶葡萄酒，从它的价格上看不出是这么优秀的酒。从此，我开始爱上意大利的葡萄酒。

喝了Ripassa后，对于以往只知道意大利葡萄酒Chianti的我，心中已经开启另一个意大利葡萄酒的新世界。

Ripassa Valpolicela Superiore
**生产地：**意大利
**品种：**科维纳（Corvina）80%、罗蒂内拉（Rondinella）10%、桑娇维塞10%
**酒精浓度：**13%
**酒色：**深红色
**酒香：**浓郁的樱桃和黑莓的香味，也会品尝到一点儿辛香料
**风味：**酒精浓度不高，酸度和单宁之间调和平衡，温和极具深度风味的干红葡萄酒
**搭配的食物：**香味强烈的芝士，尤其是经过长时间熟成的切达（Chedder）芝士；也相当适合杏仁果及夏威夷果类的坚果类点心

## 感受到意大利面真正的美味
## Santedame Tenuta
崔圣淑·Chateau 21葡萄酒吧、Wine21.Com代表

一直以来都很喜欢白葡萄酒，最近才开始慢慢对红葡萄酒感兴趣；后来我才知道，这似乎是喜爱葡萄酒的人都会经历的一个阶段。因为醉心于西洋料理，尤其是对于意大利面相当有兴趣，以前害怕油腻的意大利千层面，现在反而变得很喜欢满满的芝士。想点杯葡萄酒来搭配，打开葡萄酒单后，

上面满满都是发音困难的意大利葡萄酒名字，我询问侍酒师："请问有可以推荐的葡萄酒吗？红葡萄酒好像不错……"他听了我的想法后，推荐了Santedame Tenuta（圣特丹红葡萄酒），他说："这瓶葡萄酒相当适合您所点用的意大利番茄千层面，价格上也不会有太大的负担，是属于清爽香甜的类型。"

坐在窗边的我，被眼前这瓶因春天阳光而透出像红宝石一样色泽的葡萄酒所魅惑。果实、樱桃还有它的新鲜口感，以及白葡萄酒所感受不到的重量；单宁带来的涩味也相当清爽明显，并且感触相当温和，不会太刺激。

如果可以根据食物的特性，正确地搭配葡萄酒的话，会将两者的特色充分发挥出来；而且葡萄酒也会将食物的优点发挥到极致，具有相当微妙的魔力。

Santedame Tenuta

**生产地：**意大利
**品种：**桑娇维塞100%
**酒精浓度：**13%
**酒色：**红宝石色
**酒香：**刺激并具魅力的香气，微微的辛香料香气和甜蜜的紫罗兰、红莓等，同时感受到酸樱桃的特属香气；到后端结尾则可感受到迷迭香的香气
**风味：**树木的香气，甜蜜又带点辛香，以及胡椒香味融合出的水果香，余韵长又温和
**搭配的食物：**番茄酱料的意大利面和比萨

# 五花肉的绝佳伙伴
# Brokenwood Shiraz

洪正熙 · Once in A Blue Mon酒吧侍酒师

第一次在酒吧看到Brokenwood Shiraz（恋木传奇西拉干红葡萄酒）时，我被它的瓶子吓到了。从来都没有看过这么简单明了的酒标：象牙色为底色，上面大大地写着"Brokenwood Shiraz"就像是直接从电脑里印出来的那种硬邦邦的字体一样。又不是啤酒，为什么酒标做得那么简单枯燥！

当天晚餐要吃烤肉，就把它拿来和烤肉搭配好了。一开始先品尝葡萄酒原本的味道，发现和它的外表不同，味道相当温和，风味包围着整张嘴巴，丰富的果汁香刺激着鼻子的嗅觉。我才惊觉到它有着和外观完全不一样的口感！

我开始好奇，它可以搭配其他食物吗？我先咬一小口烤肉，再喝一口葡萄酒，天啊！那个风味真令人窒息！这样的搭配结果，产生出葡萄酒和烤肉两者双赢的效果，美味都提升了，这和初次看到Brokenwood Shiraz的感觉是完全不一样的印象。

偶然间发现的美妙味道组合，让我心情特别好，能和韩国饮食这么搭配的葡萄酒很少见，让我加倍开心。在热闹的节日或是老人家寿辰的时候，这是可以和韩国的食物一起搭配的绝品！

**Brokenwood Shiraz**
**生产地**：澳大利亚
**品种**：西拉
**酒精浓度**：13.5%
**酒色**：深浓并且环绕出紫的红色
**酒香**：水果香味和胡椒的香味混合出的味道
**风味**：不甜并且带有辛香料的感觉，也会感受到温和的单宁口感
**搭配的食物**：烤肉和韩国传统料理

**试饮葡萄酒5个步骤**

**第一步骤：观察葡萄酒**

拿着葡萄酒杯，观察葡萄酒的颜色。这并不是要让自己看起来像葡萄酒专家，而是为了可以确认杯中是否有异物。白葡萄酒有时候会有像玻璃粉一样的东西在杯底，这不是酒坏了，而是发酵进行时增加酒精浓度所产生的沉淀物，因此可以不用担心。红葡萄酒也会有沉淀物，同样也不是有害物质，这是故意跳过在过滤（Filtering）的作业过程所产生的结果。不过，要是有相当严重的物质漂在葡萄酒内，或是发现红葡萄酒内有气泡产生，这就有可能是葡萄酒已经变质的特征。

**第二步骤：旋转葡萄酒杯**

将葡萄酒摆放在桌上，抓住杯脚底，以圆形的方向旋转葡萄酒杯。旋绕葡萄酒的理由就如我们喝汤的时候，用汤匙舀一匙品闻香气一样。优雅的旋绕葡萄酒，让氧气与葡萄酒接触，这个阶段将可以闻到葡萄酒散发出华丽的香味。

**第三步骤：品闻葡萄酒的香味**

用鼻子品闻盛着葡萄酒的酒杯，仔细感受葡萄酒的香味。品闻时，可以一边询问自己："喜欢这个香味吗？"万一香味已经转变为和食醋类似的味道，或是散发像湿掉的纸一样的味道时，则要警觉这瓶酒可能已经放很久或是保存的状态恶劣。

**第四步骤：品尝葡萄酒**

以一次喝一点、一次喝一点的方式品尝葡萄酒，不要直接吞入喉咙，先含一口让葡萄酒环绕在自己嘴中几秒钟。可以的话，可以在口中以漱口的方式让空气与葡萄酒混合。虽然看起来有点奇怪，但是让葡萄酒在嘴内产生旋涡，确实可以品尝到葡萄酒真正的风味；越多空气进入嘴内和葡萄酒结合，则会产生更多的香气。这时就可以进一步感受葡萄酒的风味。接着，将葡萄酒吞入喉内之后，再感受一下留在口中的香味及风味，这才是葡萄酒爱好者之间认定的品尝结束。

**第五步骤：吐出葡萄酒**

品尝一口葡萄酒，记住葡萄酒的风味之后，最后再吐出口中的葡萄酒。这样的行为很奇怪吗？但是专业的葡萄酒品尝，通常都会另外准备一只铁桶，让专家在品尝葡萄酒之后，将嘴内的葡萄酒吐出。这是因为如果品尝的时候，就将所有的葡萄酒喝下的话，很快就会因此酒醉而无法品尝其他葡萄酒的味道。当然，如果只是在家试饮，或是只是在一般聚会的场合试饮的话，在确认葡萄酒香味和风味的阶段上，就不需要把葡萄酒吐掉。

# 让牛排美味升级
## Clos Du Val Cabernet Sauvignon
郑锦南·The餐厅葡萄酒酒吧经理

只要喜欢喝葡萄酒的人，都会有被葡萄酒所吸引，并且对葡萄酒产生兴趣的一个契机；而让我对葡萄酒产生兴趣的契机就是Clos Du Val Cabernet Sauvignon（克罗杜维尔赤霞珠干红葡萄酒）。在这瓶酒之前，葡萄酒对我而言只是一瓶酒，或是想要制造气氛的时候所选择的酒而已，不具有特别的意义。但是喝过Clos Du Val Cabernet Sauvignon之后，一瞬间，有了"啊，这就是葡萄酒呀！"的感觉。

那天，当搭配牛排一起享用的时候，不只葡萄酒让我眼睛为之一亮，也真正感受到了牛排的风味；和葡萄酒一起搭配食物，也使得风味更上一层楼了。一口气体验到那么多事，让我对那次的经验印象相当深刻。

因此那天之后，我开始对葡萄酒产生了研究的想法，也决定日后要走上葡萄酒相关的路。这就是我的契机。

对初次品尝葡萄酒的人来说，或许还无法分辨酒的特性；但是，只要有机会一瓶一瓶品尝葡萄酒，就可以慢慢分辨，并开始清楚地知道自己在什么时候开始喝葡萄酒、为什么会成为葡萄酒爱好者、为什么会喜欢葡萄酒等问题。这不需要谁特别指导，而是自己体会到的必要过程。只要对葡萄酒感兴趣的话，开心地去享用葡萄酒，不用多久也可以成为葡萄酒达人。

Clos Du Val Cabernet Sauvignon
**生产地：** 美国
**品种：** 卡本内－苏维翁94%、卡本内－弗朗3%、梅洛3%
**酒精浓度：** 13.5%
**酒香：** 花香和树木香气融合出的丰富香味
**风味：** 鲜明果肉又丰富的水果风味，喝进口中也隐隐传出巧克力的香气
**搭配的食物：** 牛排

储藏越久的葡萄酒越好吗？

因为葡萄酒是活的食物，所以风味会慢慢变化到绝顶风味，直到最后完成它的生命。但是葡萄酒的种类和类型，以及特定年度的采收状态，随着年份的不同储藏的时间也会不同。大致上，单宁高、酒精浓度高的葡萄酒可以长期保存；且随着保存状态的不同，寿命也会不一样。一般葡萄酒在酿造后1~3年内会被贩售出去，但高级葡萄酒也会被储藏10~20年的时间。因此，如果认为所有的葡萄酒都是放越久越好，那是错误的。对葡萄酒入门者而言，经过长时间熟成的葡萄酒反而会比较不合胃口，因此留下不好的印象在脑海内。

# 喜欢上欧洲料理的起点
# Jacob's Creek Chardonny

崔圣淑 · Chateau 21葡萄酒酒吧 Wine21.Com代表

我的工作主要业务是与国外的买家见面、参与展示会，并寻找伙伴及接受订单，是一份具有高成就感及信心的职业。唯一的问题是，只要到国外，总因为不习惯的饮食，而产生许多压力。

有一次到英国出差，与一位重要的买家约在一间法国餐厅见面。褐色头发梳得整整齐齐的英国绅士，是个脾气执拗的人，也是个相当挑剔的客户。要从他的手上接到订单，是一件困难的事情，必须完全符合他们的要求才行。

"请问要点用什么葡萄酒呢？"英国绅士拿出葡萄酒单，询问着我，即使在当时我对葡萄酒还算是个门外汉，也不能表现出慌张。因为我也知道，当对方将葡萄酒的选择权交给你，也代表着礼遇的意思。但是，我的能力却无法消化这样的礼遇……

"实在很抱歉，我不太懂葡萄酒，请您直接点用！"于是我只好这样说。他看到我点用了海鲜料理，因此也为我点了瓶Jacob's Creek Chardonny（杰卡斯霞多丽干白葡萄酒）。在中餐时间点用葡萄酒，对我而言会有点陌生，但对他们是稀松平常的事。

我的海鲜料理是一道芝士上又加了奶油酱料的料理，相当油腻。

"真是的，我点错餐点了。"吃了一口餐点后，我就开始想念韩式辣酱与泡菜。接下来，水晶葡萄酒杯响起像钟声般清脆的声响，我喝了一口葡萄酒，立即就被口中的味道给吓到了，这和我以前喝的葡萄酒非常不一样。新鲜的花香，清爽微酸的感觉，就像手上拿着一大把玫瑰花束一样，接连传出香草和杏仁的风味，甜美温和地环绕在口中。油腻的芝士奶油海鲜料理瞬间变得美味可口，再也不感觉到油腻了。

"哇，这好好喝，是什么葡萄酒？"喝了一口之后，我立即看向酒瓶上的标签，询问着买家。"这是澳大利亚产的霞多丽。看您这么喜欢这瓶葡萄酒，我也很开心。"我不太知道什么是澳大利亚产的霞多丽，但"霞多丽"这个词却常常听到。对于喜欢香甜雷司令的我，这次对霞多丽的风味感到惊奇，甚至这一刻，也是我开始喜欢欧洲那种油腻料理的起点。

在那之后，我终于开始可以感受到法国料理和意大利料理的真正美味，餐餐也都少不了葡萄酒。当然，在那天之后，我也开始喜欢到欧洲的出差工作，不再想念泡菜的味道。

Jacob's Creek Chardonny
**生产地：**澳大利亚
**品种：**霞多丽100%
**酒精浓度：**12.5%
**酒色：**带点绿豆色的稻草色
**酒香：**水蜜桃、香瓜的丰富水果香，也混合着橡木桶和奶油的复杂香气
**风味：**熟成的水蜜桃和香瓜的风味像奶油一样温和，感觉相当新鲜的葡萄酒
**搭配的食物：**海鲜料理或是白色的海鲜与猪肉，搭配烟熏的鸡肉也相当适合

## Part IV
# 做出让葡萄酒美味升级的食物

　　如果可以在饮用葡萄酒时，搭配上适合的餐点的话，会比单单只喝葡萄酒来得美味！同时给予眼睛、鼻子、嘴巴美味的享受，可以让食物的美味更上一层楼。

　　用容易取得的食材制作简单并看起来华丽的料理，来搭配葡萄酒享用的话，可以增添整体的风味及气氛。即使不会烹调料理的人也可以像专家一样，做出搭配葡萄酒最适当的餐点。

# 亲手捣碎饱满的番茄：番茄意大利面

**适合搭配的葡萄酒：** Querciabella Chianti Classico、Villa Antinori rosso、Nipozzano Riserva、Santegame Tenuta

**材料：** 番茄6个、意大利面240克、帕马森干酪粉40克、盐2大匙、橄榄油2大匙、调味盐少许、胡椒粉少许

**做法：**

（1）将番茄放入滚烫热水内烫一秒钟，将表皮撕除。

（2）将盐放入3升的水中煮滚，水滚后放入意大利面条煮约8～12分钟。在煮到第8分钟时，就要开始随时注意面条的状况，依自己的喜好决定面条的硬度。

（3）将去皮的番茄切碎或是用手压碎后，拌入橄榄油后放置在一旁备用。

（4）意大利面煮熟之后捞起，将热水倒掉。

（5）面放在大餐盘上撒上调味盐和胡椒粉，并铺上番茄泥，最后均匀地撒上帕马森干酪粉就完成了。

# 奶油酱汁单纯的口味：原味奶油意大利面

**适合搭配的葡萄酒**：Château Maris

**材料**：发泡奶油500毫升，鲜奶油500毫升，洋葱1/2颗，帕马森干酪粉40克，意大利面240克，盐、胡椒粉少许

**做法**：

（1）将洋葱切片。

（2）将盐放入3升的水中煮滚，水滚后放入意大利面条煮约8～12分钟。在煮到第8分钟时，就要开始随时注意面条的状况，依自己的喜好决定面条的硬度。

（3）油放入锅中，接着放入洋葱丝并将洋葱炒至透明色。

（4）将发泡奶油和鲜奶油以1∶1的比例混合。

（5）将上一步骤完成的奶油放入炒好的洋葱锅内。

（6）将面捞起放入锅中。依自己的口味放入盐和胡椒，直到所有酱料都转为黏稠的状态，最后再放入帕玛森干酪粉做搅拌。

（7）将煮好的面放入餐盘内，并均匀撒上帕玛森干酪粉即可。

# 简单又特别的宴会小点心：扇贝和飞鱼卵开胃小菜

**适合搭配的葡萄酒：** Blue Nun White、Henkell Trocken
**材料：** 脆饼、沙拉酱、奶油芝士、莴苣3片、芝士片4张、扇贝、朱黄色飞鱼卵

**做法：**

（1）在脆饼上涂上奶油芝士。这时可用小茶匙后面轻轻挖出奶油芝士并涂在脆饼上，一茶匙的量就足够。

（2）将芝士片分成4等份，将其中一等份放在已涂上奶油芝士的脆饼上。

（3）将3片莴苣切成15块，分别放在脆饼上。

（4）涂上一汤匙的沙拉酱。

（5）放上微熟的扇贝。

（6）在扇贝上放上1/2小茶匙的飞鱼卵。

**进阶：再试试不同的做法**
**活用吃剩下来的鲔鱼罐头做成宴会小点心**
**材料：** 鲔鱼罐头1个（170克）、橄榄油2小匙、胡椒粉少许
（1）先重复上面的制作方法（1）~（4）步骤。
（2）将鲔鱼罐头的油倒出后，倒入橄榄油和胡椒混合搅拌。
（3）取代上面食谱的扇贝，放上满满调味好的鲔鱼。

# 用葡萄酒当结尾：意式腌香肠

**适合搭配的葡萄酒**：Jacob's Creek Shiraz Cabernet、Black Label Shiraz
Cabernet Sauvignon Wolf Blass

**材料**：香蕉2条、意式腌香肠（Salami）100克、意大利黑醋2大匙、橄榄
油4大匙、剁碎的蒜头 1小匙、胡椒和盐少许

**做法**：
（1）将意大利黑醋和橄榄油、剁碎的蒜头、盐和胡椒混合成为意大利
　　　黑醋酱料。
（2）将香蕉切成1厘米左右的薄片。
（3）意大利香肠也切片成1厘米厚度，在香肠上面放上香蕉。
（4）滴上一两滴意大利黑醋酱料即可。

> **进阶：再试试不同的做法**
> 　　如果只想吃意大利腌香肠，但香肠口味却又太咸不
> 容易入口该怎么办呢？这时候可以摊开意大利香肠，在
> 上面滴上一些蜂蜜，不仅可以让咸味消失，并且口感温
> 和的蜂蜜，也会使嘴里充满香甜的风味。

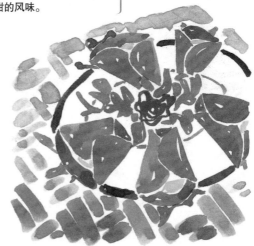

# 和白酒一起是完美的组合：水煮孔雀蛤

**适合搭配的葡萄酒：** Villa M、Marchesy di Gresy Solomerlot
**材料：** 孔雀蛤2~3千克、食醋1小匙、盐2小匙、柠檬1/4块、柠檬汁和沙拉酱少许

**做法：**

（1）将孔雀蛤洗干净。可以戴上塑胶手套搓洗，会比较方便。
（2）锅内放入1.5升的水，放入洗干净的孔雀蛤以及食醋、盐、柠檬后盖上锅盖煮滚。
（3）水滚约5分钟关火。
（4）将孔雀蛤捞起，并放入好看的盘子内。可以取下孔雀蛤一边的外壳，这样会看起来较美观。
（5）滴上柠檬汁并在孔雀蛤上面涂上沙拉酱摆盘。

**进阶：** 再试试不同的做法
**孔雀蛤和蛋黄的梦幻组合**
**材料：** 鸡蛋2个、欧芹粉少许
（1）先重复上面制作方法（1）~（3）步骤。
（2）取出蛋黄并将蛋黄打散。
（3）使用漏网将孔雀蛤捞起，并拔除孔雀蛤一边外壳放入盘内。在孔雀蛤上洒上蛋黄，以及欧芹粉。
（4）放入预热250度的烤箱内烤至上色即可。

# 美味葡萄酒料理：红酒炖牛肉

**适合搭配的葡萄酒**：Bordeaux Pey La tour、Clos Du Val Cabernet Sauvignon
**材料**：牛肉里脊250克、红葱1/2个、奶油1小匙、橄榄油1大匙、迷迭香1束、月桂叶2片、红酒375毫升、盐和胡椒少许

**做法**：
（1）将肉切成2厘米的方块，加入少许盐、胡椒和1大匙橄榄油，腌30
分钟。
（2）锅内放入切碎的迷迭香和奶油以及200毫升红酒后，放入牛肉炒至变
色，然后将牛肉放入盘内。
（3）锅内剩余的酱料再放入剩下的奶油和红酒，煮至水分稍微收干后，
淋在牛肉上。将肉桂叶放在牛肉上就可以。

# 味道最优、香味第一：迷迭香烤鸡

**适合搭配的葡萄酒**：Brunello di Montalcino Talenti、Aloxe Corton、Robert Mondavi Pinot Noir

**材料**：鸡1只，洋葱1/2颗，苹果1/2颗，奶油5克，红椒1个，杏鲍菇2个，蒜头8颗，橄榄油1大匙，干迷迭香、干百里香、盐、胡椒、欧芹各少许

**做法**：

（1）取掉鸡屁股油脂的部分，也取出内脏，用流动的水清洗干净。将1颗洋葱切成1厘米厚的圆片状，剩下的洋葱和苹果切丝；红椒切成1厘米厚的圆圈状；杏鲍菇切成5厘米的片状，蒜头则切对半。

（2）将切丝的洋葱、苹果、干迷迭香、干百里香及盐、胡椒粉拌匀并塞入鸡肚内。

（3）烤盘上涂上奶油，放上塞入食材的鸡肉，已经切好的洋葱、红椒、杏鲍菇、蒜头等食材也放入烤盘和鸡肉烤30分钟。30分钟后，除了鸡肉之外的其他食材先取出备用，鸡肉则继续放进烤箱烘烤。

（4）烤好的鸡肉摆入盘中，撒上切碎的欧芹后，将洋葱、红椒、杏鲍菇放在鸡肉旁边装盘。

# 白与红的美妙融合：切片番茄和芝士

**适合搭配的葡萄酒：** Fiano di Avellino、Montes Alpha Cabernet Sauvignon、Dr. Loosen Riesling

**材料：** 番茄4个、蓝莓芝士150克、橄榄油1大匙

**做法：**

（1）番茄洗净后切成1厘米厚度的片状。

（2）蓝莓芝士切成约1厘米的片状。

（3）番茄切片，放上蓝莓芝士，在上面洒上橄榄油。香气浓郁的葡萄酒和蓝莓芝士的搭配，口感相当美味。

## 难以言喻的味道：意式烟熏火腿和香瓜

**适合搭配的葡萄酒：** Bordeaux Pey La tour、Bava Rosetta

**材料：** 香瓜1/2个、意式烟熏火腿（prosciutto）8片、柠檬汁2大匙

**做法：**
（1）将香瓜切成一口大小，或是用挖匙挖成圆球状。
（2）香瓜洒上柠檬汁并放入冷藏室，让它冰冷。
（3）用意式烟熏火腿包覆香瓜。
（4）漂亮地摆入盘中便完成了。

# 无法忘记的滋味：抹上番茄酱汁的欧式烤面包

**适合搭配的葡萄酒：**Ai Suma Braida、Château Les Hauts de Pontet
**材料：**番茄2个、中等大小的洋葱1个、橄榄油2大匙、鲜罗勒8片、法国面包1厘米厚度8块、盐和胡椒少许

**做法：**

（1）番茄用热水稍微烫过之后，剥除表皮并去籽。如果没有去除番茄内的籽，会导致番茄汁弄湿面包。

（2）番茄切成5厘米的方块。

（3）洋葱切成2厘米的方块。

（4）将鲜罗勒切碎。如果没有鲜罗勒的话也可以使用罗勒粉代替。

（5）大碗内放入番茄和洋葱、罗勒、橄榄油、盐、胡椒后充分搅拌。

（6）稍微烘烤过面包。这时可以随自己的口味涂上奶油或是蒜泥一起烤。

（7）在烤好的面包上放上搅拌好的食材，最好的时间点是要品尝之前才放上食材。

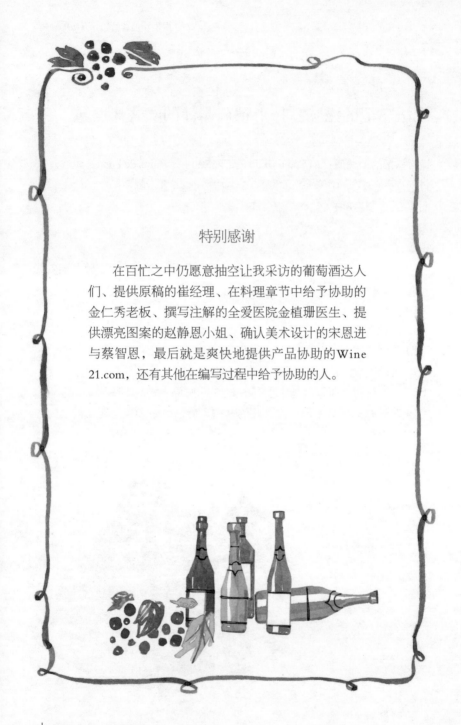

### 特别感谢

在百忙之中仍愿意抽空让我采访的葡萄酒达人们、提供原稿的崔经理、在料理章节中给予协助的金仁秀老板、撰写注解的全爱医院金植珊医生、提供漂亮图案的赵静恩小姐、确认美术设计的宋恩进与蔡智恩，最后就是爽快地提供产品协助的Wine 21.com，还有其他在编写过程中给予协助的人。

# 附录：原文对照表（按照英文字母顺序排列）

| | |
|---|---|
| Alsace | 阿尔萨斯 |
| Barbaresco | 巴巴莱斯科 |
| Barbera | 巴贝拉 |
| Barolo | 巴罗洛 |
| Beaujolais | 博若莱 |
| Beaujolais Nouveau | 博若莱酒 |
| Bordeaux | 波尔多 |
| Bourgogne | 勃艮第 |
| Bourgueil | 布尔格伊 |
| Brie | 布瑞 |
| Cabernet Franc | 卡本内−弗朗 |
| Cabernet Sauvignon | 卡本内−苏维翁 |
| Camacha | 加尔纳恰 |
| Camembert | 卡门贝尔 |
| Campania | 坎帕尼亚 |
| Canaiolo | 卡内奥罗 |
| Canelli Moscado white | 莫斯卡托 |
| Carinena | 佳丽酿 |
| Carmenere | 佳美娜 |
| Chablis | 夏布利 |
| Champagne | 香槟区 |
| Chardonnay | 霞多丽 |
| Chedder | 切达芝士 |

| Chenin blanc | 白诗南 |
|---|---|
| Chinon | 希侬 |
| Colorino | 科罗里诺 |
| Concord | 康科德 |
| Corvina | 科维纳 |
| Cotes de Blaye | 布莱依山谷 |
| Dolcetto | 多姿桃 |
| Dom Perignon | 唐培里侬 |
| Dom Perignon | 香槟王 |
| Êntre- Deux-Mers | 思特–多–默尔 |
| Fiano di Avellino | 菲亚诺 阿维利诺 |
| Fuisse | 富赛 |
| Gamay | 佳美 |
| Garnacha | 歌海娜（西班牙） |
| Gewurztraminer | 琼瑶浆 |
| Gironde | 吉伦特河 |
| Gorgonzola Chesse | 拱佐洛拉 |
| Graves | 格拉夫 |
| Grenache | 歌海娜（法国） |
| Grillo | 格里洛 |
| Hautvillers | 欧比雷 |
| Krug | 库克香槟 |
| Langedoc- Roussillon | 朗格多克–胡西雍 |
| Loire | 卢瓦尔 |
| Malbec | 马尔贝克 |

| | |
|---|---|
| Malvasia nera | 黑玛尔维萨 |
| Margaux | 玛歌 |
| Médoc | 梅多克 |
| Merlot | 梅洛 |
| Moët & Chandon | 酩悦香槟 |
| Mourvèdr | 慕合怀特 |
| Muller Thurgau | 米勒-图高 |
| Muscadet | 蜜思卡得 |
| Muscat/Moscato/Moscatel | 麝香 |
| Nebbiolo | 内比奥罗 |
| Nero d'Avola | 黑珍珠 |
| Pauillac | 波雅克 |
| Piemonte | 皮埃蒙特 |
| Pinot Bianco | 白皮诺 |
| Pinot Grigio/Pinot Gris | 灰皮诺 |
| Pinot Meunier | 莫尼耶皮诺 |
| Pinot Nero/ Pinot Noir | 黑皮诺 |
| Pinotage | 皮诺塔吉 |
| Pompei | 庞贝 |
| Pouilly | 普伊 |
| Prugnolo Gentile | 普及诺卢 珍帝尔 |
| Quincy | 昆西 |
| Rhne | 罗讷河 |
| Riesling | 雷司令 |
| Robert Mondavi | 罗伯 蒙岱维 |

| | |
|---|---|
| Rondinella | 罗蒂内拉 |
| Sagrantino | 萨格兰蒂诺 |
| Sancerre | 桑塞尔 |
| Sangiovese | 桑娇维塞 |
| Sauvignon Blanc | 白苏维翁 |
| Savennires | 萨韦涅尔 |
| Semillon | 赛美蓉 |
| Silvaner | 西万尼 |
| Spaetburgunder | 斯波宫德 |
| St.Emilion | 圣爱美浓 |
| Sylvaner | 西万尼 |
| Syrah/Shiraz | 西拉 |
| Tempranillo | 丹魄 |
| Torrontes | 特浓情 |
| Toscana | 托斯卡纳 |
| Vesuvio | 维苏威 |
| Zinfandel | 仙粉黛 |